博碩文化

電競選手

8堂 一點就通的基礎活用課

榮欽科技 著

電競選手
8堂 一點就通的基礎活用課

榮欽科技 著

作　　者：榮欽科技
責任編輯：賴彥穎

董 事 長：陳來勝
總 編 輯：陳錦輝

出　　版：博碩文化股份有限公司
地　　址：221 新北市汐止區新台五路一段 112 號 10 樓 A 棟
　　　　　電話 (02) 2696-2869　傳真 (02) 2696-2867

發　　行：博碩文化股份有限公司
郵撥帳號：17484299　戶名：博碩文化股份有限公司
博碩網站：http://www.drmaster.com.tw
讀者服務信箱：dr26962869@gmail.com
訂購服務專線：(02) 2696-2869 分機 238、519
（週一至週五 09:30 ～ 12:00；13:30 ～ 17:00）

版　　次：2020 年 6 月初版

建議零售價：新台幣 320 元
I S B N：978-986-434-503-8
律師顧問：鳴權法律事務所 陳曉鳴律師

本書如有破損或裝訂錯誤，請寄回本公司更換

國家圖書館出版品預行編目資料

電競選手：8 堂一點就通的基礎活用課 / 榮
欽科技著 . -- 初版 . -- 新北市：博碩文化，
2020.06

　面；　公分

ISBN 978-986-434-503-8 (平裝)

1.網路產業　2.電腦遊戲　3.線上遊戲

484.6　　　　　　　　　　　109009329

Printed in Taiwan

博碩粉絲團　歡迎團體訂購，另有優惠，請洽服務專線
　　　　　　(02) 2696-2869 分機 238、519

序

　　當二十一世紀來臨時，電玩遊戲早就已經成為現代人日常生活中不可或缺的一環了，隨著遊戲對經濟和社會的影響力不斷增強，電子競技運動近年來更是橫掃全球，電競是遊戲產業的一環，更是近來科技產業最紅的關鍵字，打電動不再被爸媽說成不學無術，時下當紅電競選手的身價更是水漲船高，世界各地不斷有新電競隊伍的創立，近年來更有不少知名藝人投資電競戰隊，選手年薪甚至超越知名影星的收入。

　　遊戲產業目前已經變成了一個「適者生存」的社會模式時，由於電子競技與遊戲的發展幾乎可說是密不可分，不論各位想成為一位電競戰隊的選手或遊戲設計的高手，毫無懸念地首先就必須了解遊戲設計的真正內涵與電競動用的精彩演進史。例如電競遊戲就像是真實體育場上常見的運動項目一樣，只有「知己知彼，方能百戰百勝！」，即使你是一位戰功彪炳的電競高手，只有快手和快腦是不夠，如果能夠洞悉遊戲中各種複雜的關卡與眉角的設計，相信在過關打怪時一定能夠更加如虎添翼。

　　對於一位有心走入遊戲與電競產業的新鮮人有言，本書涵蓋了遊戲設計與電競運動的最重要黃金入門課程，可以讓各位邁向未來的發展奠定良好的基礎，正如筆者一再強調遊戲與電競發展絕對是一體兩面，遊戲是電競的基石，電競是遊戲的未來，在本書中就可以協助各位迅速了解從遊戲設計精華、熱門遊戲類型、電競賽事與活動、玩家硬體採購與電競數位行銷等領域，我們團隊以最專業與深入淺出的筆法，帶各位進入遊戲與電競這個讓人無限驚喜的異想世界。

榮欽科技 主筆室　敬上

目錄

Chapter 01　電競生手的遊戲必修入門課

Chapter 02　一次搞懂熱門電競遊戲私房筆記

Chapter **03**　遊戲耐玩度設計的超強工作術

Chapter **04**　電競達人必學的遊戲宮心計

Chapter 05　你絕對不能錯過的電競人生

Chapter 06　地表最強遊戲設計團隊組成錦囊

Chapter 07　骨灰級玩家不藏私電競硬體採購攻略

Chapter **08**　保證課堂上學不到的電競集客行銷

1 電競生手的 遊戲必修入門課

- ⊙ 遊戲的四大生命元素
- ⊙ 遊戲平台與發展史
- ⊙ 菜鳥必學的老玩家遊戲術語

　　打從各位年少丫丫學語，相信「玩遊戲」這個念頭就一直存在各位的腦海中打轉。娛樂畢竟仍然是人類物質生活最大享受，即使在那種堪稱遊戲發展初期的蠻荒歲月，確實也誕生出不少如大金剛、超級瑪莉兄弟等等充滿古早味，但又膾炙人口的經典名作。

　　當二十一世紀來臨時，遊戲更是已經是現代人日常生活中不可或缺的一環了，甚至於慢慢地取代傳統電影與電視的地位，繼而成為家庭休閒娛樂的最新選擇，甚至於帶動全球新世代最閃亮的電競產業（e-spors）的蓬勃發展。電子競技近年來風靡全球，正帶來全新的娛樂型態，打電動不再被爸媽說是不學無術，專業電競手的身價更是水漲船高，年薪甚至超越知名影星。

◎ 英雄聯盟是目前最火紅的電競指定遊戲之一

　　電競是遊戲產業的一環，更是近來科技產業最紅的關鍵字眼，在電競的虛擬世界中，看得出驚人的新興商機，不但向上帶動遊戲設計開發與電腦硬體周邊設備發展，往下延伸更帶動直播、轉播、行銷與網路通訊平台的榮景，更多的人看比賽、更多的營收被創造，同時改變數百萬人娛樂與工作的方式。根據在電競產業具權威性的研究機構 NEWZOON

所公布了《2019 年全球電子競技市場報告》，預測電競市場規模將首次超越 10 億美元大關。

◎ 英雄聯盟 LMS 春季總決賽盛況

> **TIPS** 　英雄聯盟（League of Legends，LoL）是由 Riot Games 開的一款多人線上戰術擂台遊戲，以網路遊戲免費模式及核心營運採用道具收費模式，可以不花一毛錢就能玩遍整個遊戲，遊戲講求戰術和團隊協作，具有可持續增長的英雄系統，非常受到玩家的歡迎。玩法則是由玩家則是扮演天賦異稟的「召喚師」，並從數百位具有獨特能力的「英雄」選擇一位角色，兩個團隊各有五名玩家，最快攻佔對方城堡的一方為勝。

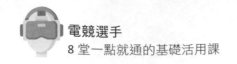

1-1 ▶ 遊戲的四大生命元素

　　遊戲產業是在電腦普及之後才興起，電競（E Sports）則是近年來遊戲世界中最重要的一環，各位如果打算進入電競的世界，毫無懸念地首先就必須從了解遊戲開始。遊戲，最簡單的定義，就是一種可以娛樂我們休閒生活的快樂元素，從更專業的角度形容，「遊戲」本身是具有特定行為模式、規則條件、身心娛樂及輸贏勝負的一種行為表現（Behavior Expression）。遊戲從參與的對象、方式、介面與平台，隨著文明的發展，更是不斷改變、日新月異。

◎ 遊戲本身就是一種行為表現（Behavior Expression）

　　早期以往單純設計成小朋友娛樂專用的電腦遊戲軟體，已朝向規模更大，分工更專業的遊戲產業方向邁進。題材的種類更是五花八門，從運動、科幻、武俠、戰爭，到與文化相關的內容都躍上電腦螢幕。具體來形容，遊戲的核心精神就是一種行為表現，從活動的性質來看，遊戲又可區分為動態和靜態兩種型態，動態的遊戲必須配合肢體動作，如猜拳遊戲、棒球遊戲，而靜態遊戲則是較偏向思考的行為，如紙上遊戲、益智遊戲。

不論各位是未來準備要成為遊戲設計高手，或者是電競賽市場上的常勝軍，首先要瞭解任何一套遊戲都必須具備的四大組成素。也就是不管是動態或是靜態的遊戲，都像是一位活靈活現、喜怒哀樂的表演人物，血液裡必須具有以下四大生命元素。

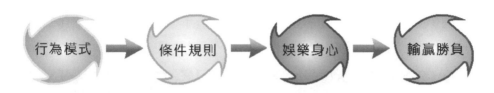

1-1-1　行為模式

遊戲最簡單的要素就是任何遊戲都會有特定的行為模式，這種模式是用來貫穿整個遊戲的表現行為，參與遊戲者必須要依照這個模式流程來執行。倘若一種遊戲沒有了專屬的行為模式，這個遊戲中的玩家就也就玩不下去了。例如猜拳遊戲沒有了剪刀、石頭、布等行為模式，那麼這還叫做『猜拳遊戲』嗎？或者棒球沒有打擊、接球等動作，那怎麼會有王建民的精彩表現。所以不管遊戲的流程進行有多複雜或多麼簡單，一定具備特定的行為模式。

◎ 遊戲中要利用行為模式為主軸

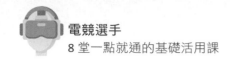

1-1-2　條件規則

當遊戲有了一定行為模式後，接著還必須訂定出整套的條件規則。簡單來說，這些條件規則就是遊戲中大家必須去遵守的行為守則。如果不能遵守這種遊戲行為的話，就叫作「犯規」，那麼就失去了遊戲本身的公平性。如同一場籃球賽來說，當然選手絕不僅是把球丟到籃中就可以了，還必須訂出走步、兩次運球、撞人、時間等規則，要不然大家為了要得分，就無所不用其極的搶分，那原本好好的遊戲競賽，看來要變成打架互毆事件了。所以不管是什麼遊戲，都會具備有一組規則條件，這個條件必須創新與清楚，讓參與者有公平競爭的機會。

◎ 籃球場上有各種的條件規則

1-1-3　娛樂身心

一種遊戲最重要就是能夠帶來娛樂性，關鍵就在於為玩家所帶來的快樂與刺激感，這也是參與遊戲的目地所在。就像筆者大學時十分喜歡玩橋牌，有時興致一來，整晚不睡都沒關係。這就在於橋牌所提供的高度娛樂性深深吸引了我。不管是很多人玩的線上遊戲，還是透過電腦進行的電玩遊戲，只要好玩，能夠讓玩家樂此不疲，就是一款好遊戲。

◎ 不同的遊戲有不同的娛樂效果

例如目前電腦上的各款麻將遊戲，雖然未必真有實際的真人陪你打麻將，但遊戲中設計出每一位角色，對碰牌、吃牌、取捨牌支和作牌的思考，都具有截然不同的風格，配合多重人工智慧的架構，讓玩家可以體驗到不同對手打牌時不一樣的牌風，感受到在牌桌上大殺四方的樂趣。

1-1-4 輸贏勝負

有人常說：「人爭一口氣，佛爭一柱香」，爭強好勝之心每個人都有。其實針對於任何遊戲而言，輸贏勝負是所有遊戲玩家期待的最後結局，一個沒有輸贏勝負的遊戲，也就少了它存在的真實意義，如同我們常常會接觸到的猜拳遊戲，說穿了最終目的還不是要分出輸贏勝負而已。

◉ 就像馬拉松與足球賽比賽，任何一場遊戲都必須具有贏家與輸家

1-2 遊戲平台與發展史

　　所謂「遊戲平台」（Game Platform），簡單的說，不僅可以執行遊戲流程，而且也是一種與遊戲玩家們溝通的管道與媒介。「遊戲平台」又可區分為許多不同類型，例如一張紙，就是大富翁遊戲與玩家的一種溝通媒介。電視遊戲器與電腦當然也稱得上是一種遊戲平台，又可稱為「電子遊戲平台」。

◉ 電視遊戲器與大型遊戲機臺都屬於是遊戲平台的一種

　　在各種不同年代中，隨著硬體技術不斷地向上提升下，遊戲從專屬遊戲功能的特定平台開始發展，現已逐漸在不同類型的平台上進行擴展，畫面也從只能支援單純 16 色遊戲發展到現在的「擴增實境」（Augmented Reality,AR），目的都是使人們接觸與體會遊戲更為精緻與方便，甚至於目前最火的電競遊戲的發展都不限於運算能力強大的 PC 遊戲，還包括電視遊樂器、手機、街機都有電競遊戲的產生。

> **TIPS** 擴增實境（Augmented Reality,AR）是一種將虛擬影像與現實空間互動的技術，能夠把虛擬內容疊加在實體世界上，強調的不是要取代現實空間，而是在現實空間中添加一個虛擬物件，並且能夠即時產生互動。例如寶可夢（Pokemon Go）遊戲是由任天堂公司所發行的結合智慧手機、GPS 功能及擴增實境（Augmented Reality,AR）的尋寶遊戲，其實本身仍然是一款手機游戲。
>
>
>
> ◎ 全球大地不分老少對抓寶都為之瘋狂

　　在目前超高速度發展的遊戲業已經變成了一個「適者生存」的社會模式時，不論各位想成為一位電競戰隊的選手或遊戲設計的高手，首先除了必須認識遊戲史上地表最強的五種遊戲平台，包括電視遊戲機（TV game）、大型機台遊戲、單機遊戲（PC game）、線上遊戲、手機遊戲（Mobile game）等，接下來我們還要的從各種遊戲平台的發展史來深入的了解遊戲產業以及平台興衰所帶動影響的遊戲產品特色。

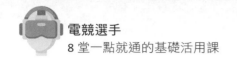
1-2-1　電視遊樂器的異想世界

電視遊戲器是一種玩家可藉由輸入裝置來控制遊戲內容的小型主機，輸入裝置包括了搖桿、按鈕、滑鼠，並且電視遊樂器的主機可和顯示裝置分離，而增加了電視遊樂器的可攜性。

◎ 功能不斷創新的 TV 遊戲機寵兒 PS 、XBOX 與 Wii

各位可能常聽到許多老玩家口中唸唸不忘的紅白機吧！雖然現在的 TV 遊樂主機一直不斷推陳出新，不過它們還是不能取代紅白機在玩家心中祖師級的地位，最早的掌上型主機誕生在 1980 年，是日本任天堂公司發行的 Game & Watch，後來從 1983 年任天堂公司推出了 8 位元的

紅白機後，這個全球總銷售量 6000 萬台的超級巨星，決定了日本廠商在遊戲主機產業的龍頭地位，不同平台的 TV 電視遊戲（ 如 PS、XBox 等），隨後如雨後春筍般推出，目前仍是全球市場的主流。

◎ 紅白機外觀

TIPS　所謂紅白機，就是任天堂（Nintendo）公司所出產發行的 8 位元 TV 遊戲主機，至於為什麼稱為「紅白機」呢？那是因為當初 FC 在剛出產發行的時候，就是以紅白相間的主機外殼來呈現，所以才叫「紅白機」。

任天堂公司後來也推出了 64 位元 TV 遊戲機，名為「任天堂 64」，最大特色就是第一台以四個操作介面為主的遊戲主機，並且以卡匣做為軟體的媒介，這點優點大大的提升了軟體讀取速度。如右圖所示。

GameCube 則是任天堂公司所出的 128 位元 TV 遊戲機，也是屬於純粹家用的遊戲主機，並沒有集合太多影音多媒體功能。另外為了避免和 SONY 的 PS2、微軟的 XBOX 正面衝突，任天堂把火力全部集中在 GameCube 遊戲內容品質的加強，如同其歷久彌新的遊戲「瑪利歐兄弟」，到現在仍然有許多玩家對其情有獨鍾。如下圖所示：

掌上型遊戲裝置可以說是家用型遊樂器的一種變形，但由於它所強調的是高攜帶性，因此必須犧牲部分多媒體效果。特別是輕薄短小的設計，種類豐富的遊戲內容，向來風靡不少遊戲玩家。有時在機場或車站等候時，經常可以看到人手一機，利用它來打發無聊的時間。

　　例如 Game Boy 是任天堂所發行的 8 位元掌上型遊戲機，中文意義是「遊戲小子」的意思。之後還推出了各式各樣的新型 Game Boy 主機。NDS（Nintendo DS）是任天堂 2005 年發表的掌上型主機，而 NDS-Life（NDSL）是於 2006 年 3 月所推出的改良版，具有雙螢幕與 Wi-Fi 連線的功能，折疊式機型與上下螢幕，下畫面為觸控式螢幕，玩家可以觸控筆來進行遊戲操縱。

◎ Game Boy 與 Nintendo DS 的輕巧外觀

◎ 任天堂最新機種 -Nintendo Switch Lite

後來任天堂在 2007 年強勢推出 Wii 遊戲後，也受到國內外的高度歡迎，與 GameCube 最大的不同點在於其開發出來革命性的指標與動態感應無線遙控手柄，除了像一般遙控器可以用按鈕來控制，它還有指向定位及動作感應兩項功能，並配備有 512MB 的記憶體，對於遊戲方式來說是一種革命，不但可以達成所謂的「體感操作」，當時更將虛擬實境技術推前一大步。

這款遙控器可以套在手腕上來模擬各種電玩動作與直接指揮螢幕，透過 Wii remote 的靈活操作，讓平台上的所有遊戲都能使用指向定位及動作感應，來讓使用者彷彿身歷其中。

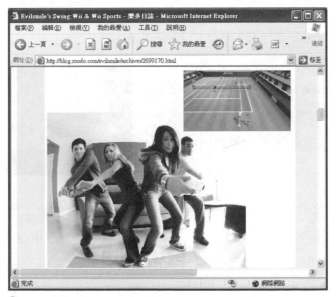

◎ http://blog.roodo.com/evilsmile/archives/2699170.html

這也讓一般不常接觸電玩遊戲的人能夠得到很大的樂趣，例如你要在遊戲進行間做出任何實際動作（網球、棒球、釣魚、高爾夫、格鬥），無線手柄都會模擬震動及發出真實般的聲響。

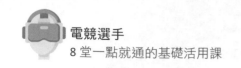
如此一來，玩家不但能感受到身歷其境的真實體驗，還能手舞足蹈地融入情境。Wii 也流行了好一段時間之久，這是任天堂第一款引入體感操作的遊戲主機，並將體感概念和家庭娛樂完全融合，不過隨著近年來 Switch 上市大賣，任天堂的 Wii 也是走到了產品周期的盡頭，任天堂也宣布 Wii 將於 2019 年底完全關閉其相關的遊戲商店。

事實上，任天堂電視遊戲機在全世界玩具市場上整整暢銷了近十年，不過從 1994 年起，任天堂就逐步失去了它在遊戲界的強勢領導地位。談到 TV game，絕對不可能忽略任天堂的另一個強勁對手 - 新力公司。TV game 為日本業界所獨佔，SONY 又在此領域上執牛耳，佔有極大的既有競爭優勢。新力產品的發展史就是一個不斷創新的歷史，自從 1994 年新力憑藉著優秀的硬體技術推出 PS 之後，推出兩年後就熱賣一千萬台。PS 即為 Play Station 的縮寫，它是 SONY 公司所出產的 32 位元 TV 遊戲機，其名稱指的是「玩家遊戲站」的意思，如右圖所示。

對於 PS 此款遊戲主機的歷史，我們可以説是電玩史上的一個奇蹟。最大特色就是在於 3D 運算速度，許多遊戲都在 PS 遊戲主機上，讓 3D 性能發揮到了極限，其中最吸引玩家的地方也就是可以支援許多畫面非常華麗的遊戲。目前最新型的機種是 SONY 於 2020 年所開發的次世代 PlayStation 遊戲機（簡稱為 PS5），不但支援 8K 畫質，儲存設備將從現行 PS4 採用的 HDD 改為 SSD，而且可支援虛擬實境（VRML）。

TIPS 「虛擬實境技術」（Virtual Reality Modeling Language, VRML）是一種程式語法，主要是利用電腦模擬產生一個三度空間的虛擬世界，提供使用者關於視覺、聽覺、觸覺等感官的模擬，利用此種語法可以在網頁上建造出一個 3D 的立體模型與立體空間。VRML 最大特色在於其互動性與即時反應，可讓設計者或參觀者在電腦中就可以獲得相同的感受，如同身處在真實世界一般，並且可以與場景產生互動，360 度全方位地觀看設計成品。

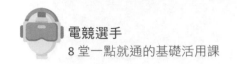
Xbox 則是微軟（Microsoft）公司所出產發行的 128 位元 TV 遊戲機，也是微軟公司的下一代 TV 遊戲系統，是目前遊樂器中擁有最強大繪圖運算處理器的主機，給遊戲設計者帶來從未有過的創意想像技術與發揮空間，並提供了影片、音樂及相片串流功能。未來即將推出最新型 Xbox Series X 採用整合 AMD Ryzen 的「Zen 2」與高速的 SSD，可以支援 8K 畫質和 120 fps 螢幕更新率，比 Xbox One X 的處理能力快上 4 倍，對決 PlayStation 5。

◉ Xbox Series X 號稱史上最強大遊戲機

1-2-2 大型遊戲機的懷舊戀情

在三十年前的台灣還看不到電視遊樂器的影子，但是說起電玩，大家首先想到的就是擺放在賭博類型遊藝場或百貨公司裡經營的大型遊戲機（Arcade game），通常習慣稱為街機或機台，當時街機業剛從普通的遊戲中誕生，是流行於街頭的商用遊戲機，街機一般都擺放在商場或者餐廳，方便讓駐足的人們玩耍，又可分類為純粹提供娛樂的娛樂用機台與會提供獎品的有獎機台。所以往往給人較負面的印象，例如以輪盤、賓果、水果盤、瑪琍機台、跳舞機等為主。但不可否認的，它卻是所有遊戲平台的祖師爺，街機對某些特定的玩家們，仍然有著非凡的吸引力，而且到現在都歷久彌新。

大型遊戲機（Arcade game）就是一座附有完整週邊設備（顯示、音響與輸入控制等等）的娛樂裝置，在臺灣曾經很流行的彈珠臺，也可以算是另一種街機。通常它會將遊戲的相關內容，燒錄在晶片之中加以儲

存，再由玩家經過機器所附設的輸入設備（搖桿、按鈕或是方向盤等特殊裝置），來進行遊戲的執行處理動作，街機在早期電玩遊戲史第一個十年中相對 TV game 還擁有技術優勢。

◎ 世嘉大型遊戲機台的外觀
取自 http://gnn.gamer.com.tw/9/16119.html

　　國內外大型遊戲機台的製台作廠商相當多，如上市公司有 IGS 鈊象、ASTRO 泰偉等公司，而世嘉（SEGA）本身幾乎壟斷了國際上大型遊戲機台市場，SEGA 在街機的地位一向舉足輕重，昔日推出過的街機亦有不少讓人懷念的經典，而且把許多 TV 遊戲主機上的知名作品，成功移植到大型遊戲機台上。甚至很快推出了大屏幕射擊遊戲，各位走入街頭巷尾的遊藝場，許多電動玩具機和遊戲軟體多數都是 SEGA 的產品，除了許多自 80 年代就紅極一時的運動型遊戲外，也曾推出像「甲蟲王者」（Mushi King）這樣頗受好評的益智遊戲，可以讓小朋友在大型機台遊戲當中，見識到大自然的百態，因此在日本受到家長與小朋友的喜愛。不過近年來隨著桌機與 TV game 技術與華麗聲光效果的大幅進步，街機對於大多數年輕玩家來說幾乎已成了過時的玩意。

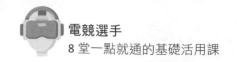
1-2-3　單機遊戲的鍍金歲月

隨著電子遊戲慢慢地在電腦 PC 上的發展，電腦也儼然成為電子遊戲的一種最重要遊戲平台。自從 APPLE II 成功地將個人電腦帶入一般民眾家庭內使用後，當時就有知名的電腦遊戲，如一些知名的骨灰級遊戲，如創世紀系列、超級運動員、櫻花大戰、絕對武力等。

◎ 櫻花大戰與絕對武力遊戲

單機遊戲是指僅使用一台遊戲機或者電腦就可以獨立運行的電子遊戲，通常我們多半是指電腦遊戲。由於電腦的強大運算功能以及多樣化外接媒體設備，使得電腦不僅僅是實驗室或辦公場所的最佳利器，更是每個家庭不可或缺的娛樂重心。特別是在 1996 年後，隨著個人電腦上使用的平價 3D 加速卡，3D 遊戲如微軟的世紀帝國（Age of Empires, AOE）、暴雪娛樂的魔獸爭霸與星海爭霸系列等，都在市場上引起陸續引領風騷，1990 開始也是台灣本土單機遊戲最興盛的時期，在歐美電腦遊戲和日本電視遊戲的衝擊下，台灣的遊戲產業進入了發展時期例如神州八劍、仙劍奇俠傳、軒轅劍、金庸群俠傳、巴冷公主等膾炙人口的經典遊戲。這時期的遊戲多半就是單機版，也就是遊戲公司設計好遊戲軟體後，在各大電腦賣場或 3C 通路鋪貨，購買後在個人電腦上使用，遊戲的內容只要不錯就能吸引到玩家購買。

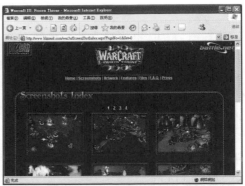

◎ 大富翁系列與魔獸爭霸是當年紅極一時的單機遊戲

　　單機遊戲的優點和電視遊樂器相較，並非單純的遊戲設備，其強大的運算功能與豐富的週邊設備，幾乎可以用來進行各種可能的運算工作。不過後來單機版的玩家在聲光效果需求增加後發現了 PC GAME 怎麼也比不上 TV GAME，所以為了追求更好的聲光效果，大家寧可買 PS，XBOX 來玩也不願意花錢來買電腦遊戲享受次級的聲光效果，上後來隨著線上遊戲與手遊的興起，大部份線上遊戲的耐玩程度及互動程度都較單機遊戲來得高。現今遊戲市場中最主力的玩家應該都是 12~25 歲的玩家，在這時期的青少年們最重視的就是同儕之間的關係與互動，而傳統的單機版不論作的再好，玩家都無法感受到跟人的相同的互動關係與跟人聊天的樂趣，因此讓單機遊戲逐漸式微。

1-2-4　線上遊戲的盛世傳奇

　　線上遊戲就是一種透過網路到遠端伺服器連結來進行遊戲的方式，線上遊戲的發展可追溯至 1970 年代大型電腦上，由於網路遊戲需要較大量運算以及網路傳輸容量，因此早期的網路遊戲通常以純文字訊息為主，1980 年代由英國所發展出的最早的大型多人線上遊戲 - 泥巴（Multi-User Dungeon，MUD）要算是始祖。

TIPS　MUD 是一種存在於網路、多人參與、使用者可擴張的虛擬網路空間。其介面是以文字為主，最初目的僅在於提供玩家一個經由電腦網路聊天的管道，讓人感覺不夠生動活潑。國內自製的第一款大型多人線上遊戲則是「萬王之王」。

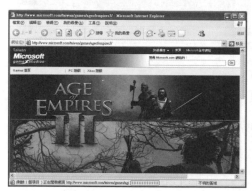 

◎ 世紀帝國與星海爭霸是早期廣受歡迎的大型多人線上遊戲

　　隨著網際網路的逐漸盛行，Web（World Wide Web,WWW）的應用方式開始成形，2000 年以後的時期，BBS 開始流行，Web 應用也開始廣泛被應用在遊戲上，大型多人在線角色扮演遊戲（Massive Multiplayer Online Role Playing Game, MMORPG）開始流行。此時線上遊戲的潛在市場大幅倍增，網路的互動性改變了遊戲的遊玩方式與型態，又再一次重組整個遊戲產業生態，藉由線上遊戲，玩家可以互相聊天、對抗、練功。網路讓遊戲本身突破了其遊戲本身的意義，它塑造了一個虛擬空間，這時結合聲光、動作、影像及劇情的線上遊戲應運而生，短短數年蔚為流行。

http://jy.chinesegamer.net/　　　http://al2.uj.com.tw/

◎ 線上遊戲受到年輕族群的喜愛

　　對於生活在這 E 世代的青少年，電腦與網路所提供的休閒娛樂功能遠勝於其它電子多媒體，成為年輕人休閒娛樂歷程中不可缺少的工具。國內自製的第一款大型多人線上遊戲則是「萬王之王」，在台灣首先造成流行的當推及時戰略遊戲星海爭霸及微軟推出的世紀帝國，即時戰略遊戲也就是連線對戰遊戲。此種連線的遊戲機制是由玩家先在伺服器上建立一個遊戲空間，其他玩家再加入該伺服器參與遊戲，有千變萬化的遊戲畫面、具有團隊競爭樂趣。目前此類遊戲產品以歐美遊戲軟體居多，例如在網路上曾經紅極一時的線上遊戲 "CS"（戰慄時空之絕對武力），以團隊合作為基礎的網路遊戲模式，讓玩家可以體驗所呈現的真實感及前所未有的感官刺激。

　　目前線上遊戲以大型多人線上角色扮演遊戲（MMORPG），玩家必須花費相當多時間來經營遊戲中的虛擬角色。例如後來由遊戲橘子代理的韓國線上遊戲（天堂）更是造成一股潮流，那時候天堂幾乎成了線上遊戲的代名詞。大型多人線上角色扮演遊戲為了吸引更多的玩家市場進入，在內容風格上也逐漸擴展出更多的類型，如以生活和社交、人物或是寵物培養為重心的另類休閒角色扮遊戲。

◎ 遊戲橘子因為代理天堂線上遊戲而爆紅

至於網頁線上遊戲，又稱網頁遊戲，早在 1990 年代，歐美就出現了許多網頁遊戲，而近幾年，正值遊戲產業極速成長的時刻，開發成本相對較低的網頁遊戲，自然也成為業界開發線上遊戲的重點目標之一。雖然和傳統線上遊戲相比，網頁遊戲的規模沒有那麼大，也沒有辦法呈現較佳的視覺效果，所以多半在即時策略、模擬經營養成這方面著墨，以彌補畫面上的不足。

◎ 遊戲新幹線 web 三國是線上經營戰略的網頁遊戲

網頁遊戲快速可玩與基於電腦螢幕操作上的優點，對於特定族群玩家仍具吸引力，在亞洲市場如中國大陸還是擁有為數不少玩家，例如在日本市場仍有數百萬名活躍玩家。由於一般線上遊戲都需要下載與安裝客戶端軟體，對電腦配置要求也越來越高，而且運行遊戲需佔用一定的資源和空間。

　　網頁遊戲輕薄短小的特性，讓玩家只要使用瀏覽器，就可以在不影響網頁瀏覽、通訊聊天的同時，還能玩遊戲。例如社群網頁遊戲在過去網路遊戲的世界上早已發展健全，可以運用既有的龐大社群置入遊戲功能，這種社群內的網頁遊戲不但種類多元，而且黏著度高，只要上網即可開始玩。

◎ Facebook 的線上開心農場網頁遊戲

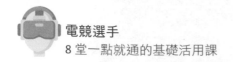
1-2-5 手機遊戲的明日風華

隨著 4G 行動寬頻、網路和雲端服務產業的帶動下，全球行動裝置快速發展，結合了無線通訊無所不在的行動裝置充斥著我們的生活，這股「新眼球經濟」所締造的市場經濟效應，正快速連結身邊所有的人、事、物，改變著我們的生活習慣，讓現代人在生活模式、休閒習慣和人際關係上有了前所未有的全新體驗。

自從 21 世紀初，隨著手機性能的不斷提高，特別是智慧型手機越來越流行，更帶動了 App 的快速發展，而智慧型手機 App 市場的成功，手機上的遊戲 App 將可以為遊戲廠商帶來全新的紅利藍海，因此帶動了如憤怒鳥（Angry Bird）這樣的 App 遊戲開發公司爆紅。App 就是 application 的縮寫，也就是行動式設備上的應用程式，App 涵蓋的功能包括了圍繞於日常生活的的各項需求，其中手機遊戲特別為大宗，最近越來越多的公司，也加入了開發 App 遊戲的行列。

◎ 憤怒鳥公司網頁

手機遊戲需要通過行動網路下載到本地手機中運行，或者需要同網路中的其他用戶互動才能進行遊戲，各位試著仔細觀察身邊來來往往的人群，將會發現無論是在車水馬龍的大街上，或著在麥當勞擠滿學生的餐桌旁，上下班的捷運車上，隨時隨地都有人拿出手機把玩一番，多半是在玩手機遊戲來消磨時間。談到最早的手機遊戲鼻祖，應該算是 1997 年出品的諾基亞 6110 上黑白 2D「貪吃蛇」小遊戲，也吸引了超過 3 億以

上的的用戶，在現在看如此陽春的遊戲，因為手機的行動性，卻在當時引發了全世界玩家的嘗鮮追捧。

手機遊戲在目前的爆紅程度，這在手游萌芽初期是很難讓人想像，因為手機遊戲就一直是遊戲廠商們所注定不能夠遺忘的一塊看的到吃不到的肥肉，2007 年是手機遊戲一個里程碑的時間點，賈伯斯所設計的 iPhone 憑藉著超高銷售量，並讓第三方應用開發人員能夠開發 iOS 系統的 App，這也給了手遊 App 未來一個全新的機遇。隨著 iOS 及 Android 系統的誕生，蘋果成功的開創了觸控功能的先驅，讓手游脫離傳統的鍵盤的束縛後，由於觸屏這個新的玩法而創意十足，像點石成金般地讓手遊市場開始百花齊放，有許多的獨立遊戲開發者或是小的遊戲製作團隊，得以加入市場一起競爭，便在此時紅了起來。

TIPS iOS 智慧型手機嵌入式系統，可用於 iPhone、iPod touch、iPad 與 Apple TV，為一種封閉的系統，並不開放給其他業者使用。最新的 Iphone X 所搭載的 iOS 11 作業系統。Android 是 Google 公佈的智慧型手機軟體開發平台，結合了 Linux 核心的作業系統，擁有的最大優勢就是跟各項 Google 服務的完美整合，憑藉著開放程式碼優勢，愈來愈受手機品牌及電訊廠商的支持。

◎ 手機遊戲已成為目前主流的遊戲平臺

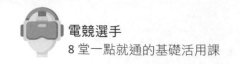
手機遊戲具有逐年增長的龐大市場用戶、可攜性高與網路支援等優點，手機遊戲大多屬於休閒，不過因為手機用戶的快速增加，讓手機遊戲變得迅速有活力起來，而且手機遊戲已經不是單純在行動時使用，它具有想玩就玩的方便性，容易操控上手又不花時間，比起電腦或電視遊戲方便很多。當然一般傳統 PC 上有的休閒／益智遊戲、角色／冒險遊戲、射擊／動作遊戲、棋藝／體育遊戲等，手機上也都具備。

特別是看到線上遊戲免費模式也開始在手遊界佔據一片天，最大的特點就是讓玩家能先免費下載遊戲，來快速增加遊戲的普及度，不再依據玩家上線時間收費，而是藉由遊戲內購買的機制來賣出遊戲內特殊道具與寶物來收取費用。而這種商業方式後來在手機遊戲也獲得巨大的成功，讓手機遊戲不僅僅是用來打發時間的，而是用來充實時間，甚至於還能撈點外快！近年來手機遊戲發展十分熱絡，特別是興起了一陣電競浪潮，許多對手機戰類遊戲逐漸進入玩家視野，更讓手遊成為未來電競賽事發展的新方向。

1-3 ▷ 菜鳥必學的老玩家遊戲術語

當各位與其他玩家在遊戲中相互共鳴交流的時候，他們總說出一些特殊的行話，如果是一個剛踏進遊戲領域的初學者，那麼他們所講的用語，想必一定會鴨子聽雷。事實上，在遊戲領域裡，相對的遊戲術語實在是太多了，這些術語多到讓各位應接不暇，只有建議您多看、多聽、多問，能在遊戲世界裡暢行無阻。在本小節裡僅收錄了筆者個人認為在遊戲界裡比較會聽見的發燒名詞，希望各位能與玩家朋友間多加討論加以新增。

術 語	說 明
NPC	NPC 即是 Non Player Character 的縮寫，它指的是非玩家人物的意思。在角色扮演的遊戲中，最常出現是由電腦來控制的人物，而這些人物會提示玩家們重要的情報或線索，使得玩家可以繼續進行遊戲。
KUSO	KUSO 在日文中原本是「可惡」、「大便」的意思，但對目前網路 e 世代的青年男女而言，KUSO 則廣泛當成「惡搞」、「無厘頭」、「好笑」的意思，形容離譜的有趣之事物。
骨灰	骨灰並不是一句損人的話，反而有種懷舊的味道。骨灰級遊戲是形容這款遊戲在過去相當知名，而且該遊戲可能不會再推出新作或停產。一款好的遊戲，一定也擁有某些骨灰級玩家。
街機	是一種用來放置在公共娛樂場所的的商用大型專用遊戲機。
遊戲資料片	是遊戲公司為了補足原來版本的缺陷，及建構在原版程式、引擎、圖像的基礎上，並新增包括劇情、任務、武器等元素的內容。
必殺技	通常在格鬥遊戲中出現，是指利用特殊的搖桿轉法或按鍵組合，而能使用出來的特別技巧。
超必殺技	其用語指的是比一般必殺技的損傷來得還要多的強力必殺技。通常在格鬥的遊戲中，它都是有條件限制的。
小強	就是討厭的「蟑螂」，在遊戲中是代表打不死的意思。
連續技	其用語就是以特定的攻擊來連接其他的攻擊，使對手受到連續損傷的技巧（超必殺技造成的連續損傷通常不算在內）。
賤招	是指使用重覆的技倆讓對手毫無招架之力，進而將對手打敗的技倆。
金手指	是指一種週邊設備，用來使遊戲中的某些設定數值改變，而達到遊戲中的利益。例如將自己的金錢、經驗值、道具等利用金手指來增加，而不是透過遊戲的正常的過程來提升。
Bug	Bug 即是『程式漏洞』，俗稱『臭蟲』。它是指那些因遊戲設計者與測試者疏漏而剩留在遊戲中的錯誤程式，最重的話將會影響整個遊戲作品的品質。

術　語	說　明
包房	在遊戲場景中某個常出現怪物的定點等怪物，並且不允許其他玩家跟過來打這地方的怪物。
密技	其用語通常是因為程式設計師的 Bug 或是故意的設定在遊戲中的一些小技巧，在遊戲中輸入某些指令或做了某一些事就會發生一些意想不到的事…等等，其目的是為了讓玩家享受另外一個遊戲中的樂趣。
Boss	是『大頭目』的意思。在遊戲中出現的較為強大有力且難纏的敵方對手。一般這類敵人在整個遊戲過程中只會出現一次，而常出現在某一關的最後，而不像小隻的怪物可以在遊戲中重複登場。
E3	是 Electronic Entertainment Expo 的縮寫，指的是美國電子娛樂大展。目前在全球中，它是屬於最為盛大的電腦遊戲與電視遊戲的商貿展示會，通常會在每年的五月舉行。
台版	用語即是『台灣盜版』的通稱，常被一些玩家笑稱「愛用國貨」等等譏諷詞，這也是近幾年來受到國人非常關注的『盜版』議題。
HP	HP 即是 Hit Point 的縮寫，它指的是「生命力」的意思。在遊戲中即是人物或作戰單位的生命數值。一般而言，HP 為 0 即是表示死亡，甚至 Game Over。
潛水	就是有些玩家只會呆在現場，但是不會發表任何意見。像是線上討論區中就有許多潛水會員。
MP	MP 即是 Magic Point 的縮寫，是人物的魔法數值，指的就是「魔法力」的意思。在遊戲中即是指一旦使用完即不能再使用魔法招式。
crack（破解）	crack 所指的是破解遊戲本身開發者所設計的防拷行為，而可以複製該母片。
Experience Point	Experience Point 即是『經驗點數』的意思。通常出現在角色扮演遊戲中，以數值來計量人物的成長，如果經驗點數達到一定數值之後，人物則可以將自己的能力升級，這時人物的功力就會變得更加強大。
Alpha 測試	指在遊戲公司內部進行的測試，就是在遊戲開發者控制環境下進行的測試工作。

術　語	說　明
Beta 測試	指交由選定的外部玩家單獨來進行測試，就是不在遊戲開發者控制環境下進行的測試工作。
王道	就是認定某個遊戲最終結果是個完美結局。
小白	就是這個玩家很白目、討人厭的意思。
Storyline	Storyline 即是『劇情』的意思換句話說，也就是遊戲的故事大綱，通常可被分成「直線型」、「多線型」以及「開放型」等三種劇情主軸。
Caster	指遊戲中的施法者，如在魔獸爭霸遊戲中常用。
DOT	Damage over time，指在遊戲進行中，一段時間內不斷對目標造成傷害。
活人	指遊戲中未出局的玩家，相對應的是 "死人"。
PK	Player kill player，指在遊戲進行中，一個玩家殺死另一個玩家。
EP（經驗值）	Experience Point，通常是在角色扮演遊戲中，代表人物成長的數值，EP 達到一定數值後便會升級。
FPS（每秒顯示頁框數）	Frames Per Second，NTSC 標準是國際電視標準委員會所制定的電視標準，其中基本規格是 525 條水平掃描線、FPS（每秒圖框、畫格）為 30 個，不少電腦遊戲的顯示數都超過了這個數字。
GG（好玩的一場比賽）	good game，常常在連線對戰比賽間隔中，對手讚美上一回合棒極了！
patch（修正程式）	patch 是指設計者為了修正原來遊戲中程式碼錯誤所用的小檔案。
Round（回合）	通常是指格鬥類遊戲中一個雙方較量的回合。
Sub-boss（隱藏頭目）	有些遊戲中會隱藏有更厲害的大頭目，通常是在通關後。
MOD（修改程式檔）	Modification，有些遊戲的程式碼是對外公開，如雷神之槌 II，玩家們可以依照原有程式修改，甚至可以寫出一套全新的程式檔，就叫做 MOD。

術　語	說　明
Pirate（盜版遊戲）	指目前十分氾濫的盜版遊戲。
MUD（Multi-user Dungeon，多用戶地牢）	Multi-user Dungeon，一種類似 RPG 的多人網路連線遊戲，但目前多為文字模式。
Motion Capture（動態捕捉機）	是一種可以將物體在 3D 環境中運動的過程轉為數位化的過程，通常用於 3D 遊戲的製作。
Level（關卡）	或稱 stage，指遊戲中一個連續的完整場景，而 Hidden Level 則是隱藏關卡，在遊戲中隱藏起來，可由玩家自行發現。
加開伺服器	當線上遊戲新增的會員人數過多，當這些大量玩家進入遊戲，為了紓解大量的玩家，就必須加開伺服器，以提供玩家在遊戲過程中，可以有更好的遊戲品質。
封測	封測就是封閉測試，目的是為了在遊戲正式開放前，可以先找到遊戲的錯誤，才能在遊戲上市後，有較佳的遊戲品質。但封測的人物資料在封測結束後會一併刪除，所以封測主要是測試遊戲內的 BUG。

1. 遊戲平台的意義與功用為何？試簡述之。

2. 簡述遊戲的定義與四大組成元素。

3. 何謂紅白機？

4. 請簡介擴增實境（Augmented Reality，AR）。

5. 什麼是 MUD ？

6. 請簡介英雄聯盟遊戲。

7. 掌上型遊戲機的功能與特色。

MEMO

2 一次搞懂熱門電競遊戲私房筆記

⊙ 益智類遊戲（PZG）

⊙ 戰略類遊戲（STA）

⊙ 模擬類遊戲（SLG）

⊙ 大逃殺遊戲（BG）

⊙ 動作類遊戲（ACT）

⊙ 運動類遊戲（SPG）

⊙ 角色扮演類遊戲（RPG）

⊙ 冒險類遊戲（AVG）

記得三十年前那個遊戲啟蒙發展的年代，那時候雖然電腦硬體設備有相當的限制，不過許多猜拳、打彈珠、追迷藏、小精靈等簡單的小遊戲，都讓人至今回味無窮。在網路高速發展的全民娛樂年代，追求更多的樂趣成為了不可或缺的消費主軸，遊戲逐漸走進了人們的視野，並成為一種流行生活元素，今天的遊戲產業已經從「小孩不讀書，只會打電動」的負面形象，提升到創造「電競比賽」的新興主流產業。

◎ 星海爭霸的成功帶動了電競類遊戲的起飛

在電競與遊戲的王國裡，玩家們通常都會遇到許多不同類型遊戲，遊戲的內容當然成為電競選手價值受關注的一環，如果不太瞭解這些遊戲製作與玩法有何不同，要成為一位電競場上的高手，這絕對是一門鐵了心都要認識的必修課程，遊戲分類方式隨著不同書籍或單位考量而各有所不同，而直到目前為止，也還沒有一套放諸四海皆準的標準分類方式。

本章中將嘗試區分不同類型的遊戲發展與特色。此外，雖然遊戲的種類很多，但是與電競相關的遊戲，不外乎是第一人稱射擊遊戲（FPS）、即時戰略遊戲（RTS）、多人線上戰鬥競技（MOBA）、卡牌交換遊戲（TCG）、格鬥遊戲（FG）、運動類遊戲（Sports Game, SPG）等，也會在書中為各位詳加介紹。

2-1 ▶ 益智類遊戲（PZG）

益智類遊戲（Puzzle Game，PUZ 或稱 PZG）是最早發展的遊戲類型之一，並不需要強烈的聲光效果，而是較著重於玩家的思考與邏輯判斷，運用使用者的思路來完成遊戲所設定的目標。通常玩益智類遊戲的玩家都必須要有恆心與耐心，思索著遊戲中的種種問題，再依據自己的判斷來執行，目的是突破各項不同的關卡。

益智類遊戲是由實體的紙上遊戲（例如黑白棋與五子棋等各式棋盤遊戲）與益智玩具（例如魔術方塊、七巧板等等）所衍生而來。比較不會讓玩家們朝著電腦鍵盤猛按，所以要走的步驟都必須加以思考，並在一定的時間內做出正確的判斷。

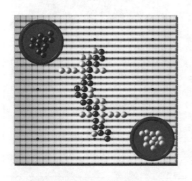

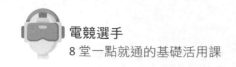

例如在 Windows 作業系統遊樂場所內建的「踩地雷」（WinMine），就是一個典型的益智類遊戲。使用者必須在不觸動地雷（Mine）的情況下，以最短的時間將地圖內所有地雷加以標記（Mark），右圖是「踩地雷」的執行畫面。

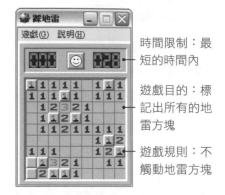

時間限制：最短的時間內

遊戲目的：標記出所有的地雷方塊

遊戲規則：不觸動地雷方塊

2-1-1 卡牌交換遊戲（TCG）

「卡牌交換遊戲」（Trading Card Game,TCG）也是屬於益智類的一種，和一般的撲克版卡片遊戲不同，這類型遊戲是純粹比智力，使用販售的專用交換卡片所進行的遊戲，然後依自己設定的戰術編輯牌組，玩家在遊戲中通過開牌包或者交換與交易的方式取得所需卡牌，並根據規則將卡片做變化組合（組過的卡片組稱為「牌組」）和戰略跟對方進行對戰的卡牌遊戲，多為 1 對 1 的 2 人對戰遊戲。

◎ 爐石戰記是一款具有奇幻風格的卡牌遊戲

由於傳統的紙質卡牌在遊戲方式和比賽形式上有著相當的不便，隨著網路的快速發展，更促成了卡牌遊戲的電子化，最吸引人之處在於每位玩家能夠依自己的風格建構牌組，除了競技對戰外，相關卡牌也有許多人爭相收藏。現在主流的電競卡牌比賽，莫過於由暴雪娛樂所推出的爐石戰記，爐石戰記以暴雪娛樂的招牌《魔獸》系列遊戲的宇宙觀為藍本的一款免費 TCG 遊戲，不但包含許多充滿特色與奇幻風格的卡牌遊戲模式，能在娛樂中鍛鍊玩家的技巧，特別是憑藉魔獸過去積累的人氣，受到許多玩家的追捧。

　　卡牌遊戲市場其實是一直推陳出新，持續多樣的遊戲創意顯然深受玩家青睞，例如由遊戲大廠 Valve 推出的數位卡牌交換遊戲 Artifact，也不讓《爐石戰記》專美於前，除了享受許多精緻傳統卡牌遊戲的樂趣，同時也加入了多人線上戰鬥競技（MOBA）元素，每場遊戲玩家都必須選擇 5 位英雄進行會戰，令人沉浸其中震撼的視覺效果號稱卡牌遊戲史上玩法最豐富、聲光最極致的體驗！

◉ Artifact 加入了多人線上戰鬥競技（MOBA）元素

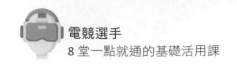
2-2 ▶ 戰略類遊戲（STA）

戰略類遊戲（STA：Strategy Game）是屬於讓玩家動動腦思考的一種遊戲類別，在早期的策略型遊戲是以戰棋為主，如象棋、軍戰棋等，主要是要讓玩家們能夠在一場特定地形中，運用自己的思路來佈置屬於自己的棋子，以打敗對方為目的來進行的攻防遊戲。戰略型遊戲發展的相當早，也是所有遊戲類型中包含最多類型的一種遊戲模式，只要是讓玩家們花上心思，來達成另外一種目的所進行的遊戲模式，還可以區分為兩大類，分別是「單人劇情類」與是「多人連線類」，說明如下：

- **單人劇情類**：是以單人單機為主，目的是讓玩家可以操作自己的戰棋來達成單關的故事劇情，玩家可以一邊玩著豐富的故事劇情，又可以隨著自己的意思來佈置自己的戰棋攻守電腦戰棋，來完成單關的任務。

- **多人連線類**：是以多人多機方式來進行遊戲的，目的是讓遊戲中的玩家們可以呼朋引伴在遊戲中來一場大廝殺，而在沒有連線的情況下，玩家們也可以與電腦對戰，以自己的開發思路來打敗對方。

戰略類遊戲除了戰略模式外，還可以包括現在曾經流行的「經營」與「養成」的遊戲方式，如較為經典的「美少女夢工廠」系列遊戲。以下則是本公司所製作的「寶貝奇想曲」就是一款養成遊戲。玩家扮演熱愛動物的寵物店老闆，除了一般常見的寵物外，亦可移植各種動物的不同部位培育出各式各樣新品種的寵物，在銷售或各類比賽中獲得佳績。

2-2-1 即時戰略遊戲（RTS）

即時戰略遊戲（Real-time Strategy, RTS）也是一種戰略類遊戲，也就是即時進行而不是採用傳統戰略遊戲的回合制，標準的即時戰略遊戲會有資源採集、基地建造、科技發展，敵情偵察，生產兵力等元素，正是讓玩家有所謂運籌帷幄，決勝千里的情景。

例如以象棋遊戲而言，就是一種非常經典的戰略型遊戲，以自己所屬的戰棋，依據個人的思路佈置戰棋來進行攻防戰，這是屬於較為單純的策略型遊戲。不過因為它只能以「一次走一步」的方式來進行遊戲，這樣不但少了遊戲的緊湊性，更少了一分戰爭的樂趣，但後來經過不斷地改良，就是在遊戲中多加入了「即時」的機制。RTS 成功地打造出戰略型遊戲的另一個天空，其中以暴雪（Blizzard）公司出的「星海爭霸」（StarCraft）最為成功。 在過去很長一段時間裡，RTS 遊戲都是在 PC 上最火爆的一個遊戲類型。

「星海爭霸」的劇情是關於三個獨特且強大的種族之間所展開的激烈對戰，而這些種族間又更細分出不同能力的小角色，玩家可以操縱任何一個種族，在特定的地圖上採集資源，由於 RTS 多了遊戲的豐富性，及精巧的戰略設計與容易上手的特性，讓這類型戰棋遊戲型態更添加了不少的樂趣，遊戲同時為玩家提供了多人對戰模式。

1990 年代末期星海爭霸的成功，產生了電競這個領域跟職業，至今仍然是全球電競中最引人注目的焦點，這款遊戲不僅風靡全球玩家，更成功地帶動了電子競技發展的重要功臣，為電競界的賽事制度與遊戲社群樹立了良好的典範。

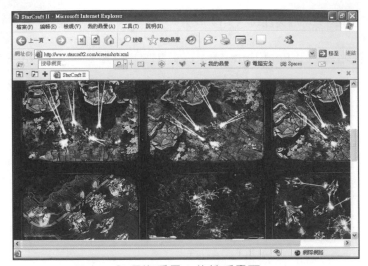

◎ 星海爭霸 2 的精采畫面
取自 http://www.starcraft2.com/screenshots.xml

後來「微軟」公司（Microsoft）接著出了「世紀帝國」（Age of Empires）遊戲，不但具有深度內涵的內容，更以歷史文化演進為背景，深入淺出讓玩家融入故事中，其中任務玩法多變，場景細膩豐富，充分滿足不同玩家之需求，爾後不管是國內外更以這種遊戲機制出品了許多受到好評的遊戲，如暗黑破壞神、魔獸爭霸、紅色警戒系列、諸神之戰等。

2-2-2 多人線上戰鬥競技（MOBA）

「多人線上戰鬥競技場遊戲」（Multiplayer Online Battle Arena,MOBA），源自即時戰略遊戲（RTS），也有人稱為動作即時戰略遊戲（Action Real Time Strateg,ARTS），由於遊戲機制多元且富戰略思考的玩法內容，目前電競賽事中就是以 MOBA 這類遊戲最為熱門，不但徹底革新了原本的 RTS 遊戲型態，甚至全然改變了電競比賽的樣貌。MOBA 最原始的概念來自暴雪《魔獸爭霸 III》中的自定地圖「守衛遺蹟」（Defense of the Ancients,DotA）。

DOTA 可以說是如今 MOBA 類遊戲最相似與普遍的原型，具有無需付費、多人公平競技和即時對抗的特點，具備高度的觀賞性，特別是在是 PvP 對戰的部分，後來玩家操控單一英雄組隊進行多人聯機競技的方式就統稱為「DOTA」類遊戲，這也是 MOBA 日後成為主流電競賽事的關鍵因素。

◉ Dota 遊戲是 MOBA 的鼻祖

MOBA 遊戲首重玩家對各個角色的技能熟悉度，核心玩法是建立在英雄對戰的基礎上，大多數都有 2 個以上的隊伍，選擇不同英雄在遊戲地圖中進行對戰（通常是 5V5），每個玩家只能控制其中一隊中的一名角色，玩家們必須擊敗對手，摧毀對方的基地或陣地建築物才算獲勝，例如很多人都玩過英雄聯盟（LoL），不但繼承了 DOTA 的規則概念，也真正帶起了玩家對 MOBA 遊戲的風潮，例如 LoL 每年的 S 系列賽事都是人們關注的焦點。

英雄聯盟（LoL）S系列就是英雄聯盟世界大賽（League of Legends World Championship Series），是指 LoL 每年還會舉辦全球總決賽，簡稱 S 系列賽，到 2019 年為止，S 賽已經舉辦了 8 年。

2-3 ▶ 模擬類遊戲（SLG）

模擬類遊戲（Simulation Game, SLG），就是在模仿某一種行為模式的遊戲系統，並以電腦來模擬出各種在真實世界中所發生的情況，並且藉此做出玩家在真實世界中所難以做到的事情，模擬類遊戲最大的特色就是擬真度力求完美，遊戲操作指令也較為複雜。著重於機具的物理原則及給玩家的真時實感，讓玩家可以從玩遊戲中感受到真實地存在遊戲的虛擬環境。通常模擬類的遊戲模仿的對象有汽車、機車、船、飛機、甚至於太空船都有，如微軟的『模擬飛行』系列。

◎ 模擬飛行遊戲畫面

http://www.microsoft.com/taiwan/games/

另外也有人把經營遊戲歸類於模擬類遊戲，所謂「經營」模式就是讓玩家去管理一種運作系統，如城市、交通、商店等，玩家們需要憑著自己思路來經營運作系統，如美商藝電公司所發行的「模擬城市」系列與「模擬市民」系列。

◎ 線上遊戲俱樂部也有許多模擬類小遊戲

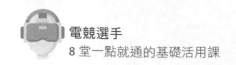
市面上也有一款相當特別的經營類遊戲《電競俱樂部》，在這款遊戲中，玩家將以自家的車庫和一台 PC 為起點，一步步建立屬於自己的電競王國，召募有實力的選手，讓俱樂部成為全球頂級的電競俱樂部，和電競俱樂部一起實現玩家自己的電競夢。

◎ 電競俱樂部經營遊戲的精彩畫面

2-4 ▶ 大逃殺遊戲（BG）

　　大逃殺遊戲（Battle royale game, BG）是一種電子遊戲類型，也被台灣玩家暱稱為「吃雞」，實際上「大逃殺」類型遊戲是源自 1999 年由日本小説家高見廣春所撰寫的恐怖小説，融合了生存遊戲的法則及淘汰至最後一人的玩法。2017 年《絕地求生》的流行，也間皆成為大逃殺遊戲的典型規則，玩家可以使用不同特色技能或角色進行遊戲，最終目標就是於時間內存活下來並獲得優勝。隨著多人制大逃殺遊戲「絕地求生」（PlayerUnknown's Battlegrounds,PUBG）爆紅之後，更是將吃雞一詞發揚光大，大逃殺遊戲就在全世界熱了起來，越來越多遊戲都會加入大逃殺模式。

◎ 絕地求生遊戲中玩家需要堅持到最後一刻

2-5 ▶ 動作類遊戲（ACT）

　　動作類遊戲（Action Game, ACT）長久以來就是遊戲市場上佔有率最高的遊戲，這類型遊戲的重點在於整體流暢度與刺激感。在早期的遊戲產業裡，遊戲平台只能支援低位元的成像處理，因而平台不能做非常複雜的運算，所以動作遊戲就在這個時候誕生了。如同很古早的「小蜜蜂」經典射擊遊戲遊戲，這類的遊戲不需要花費太多的心思與時間，即可讓遊戲順利地進行下去。

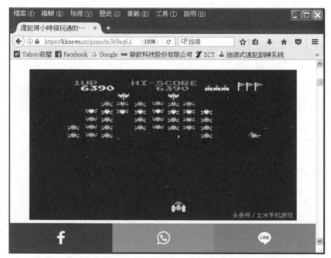

◎ 日本遊戲公司 Namco 推出的小蜜蜂遊戲

　　接下來任天堂紅白機上的「超級瑪琍歐」遊戲，更將動作遊戲的狂熱帶到巔峰，當時多少人為了破解「超級瑪琍歐」的遊戲，而不分晝夜沉醉在破關的狂熱中。後續又推出了許多代表性的動作遊戲，如第一人稱射擊遊戲的始祖毀滅戰士、戰慄時空系列、銀河爭戰錄系列等。例如快打旋風系列，就以流暢的動作設計，搶眼人物造型而大受歡迎。其中「快打旋風 4」是經典對戰戰格鬥遊戲，延續系列作傳統 2D 玩法，並採用最新的 3D 繪圖技術來呈現原先的 2D 繪圖風格。

2-5-1 第一人稱射擊遊戲（FPS）

　　說起射擊類遊戲，大家第一個反應就是「無敵刺激」，幾乎讓人熱血沸騰，也是屬於動作類遊戲的一種，所謂第一人稱射擊（First-person Shooter, FPS）遊戲就是限定玩家必須以第一人稱的觀看視角，是男生最喜愛的遊戲類型之一，指的是玩家通過主角的眼睛來進行操作，並進行射擊、運動、對話等等活動，來處理遊戲中所有相關畫面，並以手中的遠程武器或近戰武器來攻擊敵人與進行戰鬥，並實現多人遊戲的需求。也因為這種非常擬真的效果，所以必須用到強大的 3D 立體成像技術來達到讓人嘆為觀止的聲光效果，在在都是第一人稱射擊遊戲吸引玩家的主要原因。

◎ 雷神之錘逼真的 3D 戰鬥場景，帶來了獨立 3D 顯卡的革命

　　FPS 一直以來也都是遊戲業最火爆的遊戲類型，著名的遊戲有很多，例如「絕對武力」（Counter-Strike Online,CSO）堪稱是國內外最受歡迎的 FPS，內容唯恐部分子與反恐小組對決，玩家可利用自動匹配選擇適當的遊戲模式來進行與其他玩家對戰並且累計積分，刺激痛快的對戰體驗及豐富多元的遊戲模式，增強了遊戲的主動性和真實感，並且擁有破五百萬會員的超高人氣，其他如戰慄時空（Half-life, PC）、鬥陣特攻（Overwatch）、雷神之錘（Quake, PC）系列等也是 FPS 經典的劇作。

◎ 絕對武力是國內外最受歡迎的 FPS 遊戲

2-5-2　第三人稱射擊類遊戲（TPS）

　　「第三人稱射擊類遊戲」（Third-Person Shooter,TPS）的玩家是以第三者的角度觀察場景與主角的動作，玩家進入第三人稱視角後，好像一個旁觀者或者操控者，將能夠更加清楚地觀察到整個地形與所操控人物的背面，主角在遊戲螢幕上是可見的，也是第一人稱射擊遊戲的另一種變形。例如古墓奇兵（Tomb Raider）系列、英雄本色（Max Payne, PC）系列。

◎ 古墓奇兵第是三人稱視角遊戲見稱

2-5-3 格鬥遊戲（FTG）

格鬥遊戲（Fighting Game,FTG）也是動作類遊戲類型獨立出來的分支，一直是玩家最喜愛的熱門類型之一，不過對於雙方動作的對應和判斷比起大多數的動作遊戲還來的高，玩家操縱螢幕上的自己角色和對手進行近身格鬥，格鬥遊戲的特點是對打擊回饋有一定要求，玩家必需精熟諸如防禦、反擊、進行連續攻擊、格檔、閃避等操作技巧。

日本是特別擁有較多此種遊戲類型比賽的國家，例如快打旋風這個伴隨許多玩家成長的格鬥遊戲老祖宗，最早是由日本卡普空公司 1987 年推出的投錢遊玩大型機台格鬥遊戲快打旋風，由兩個角色於限定的時間內，使用各種攻擊手段，設法令對手的生命值歸零，並以三戰兩勝的方式進行一場龍爭虎鬥，想要提升實力就要對遊戲的基本系統與術語有所瞭解，勝利後才能往下一個關卡前進。

◎ 快打旋風 5 可以說是目前最成功的格鬥遊戲之一

2-6 ▶ 運動類遊戲（SPG）

運動類遊戲（Sports Game, SPG），或稱為體育類遊戲，與模擬類遊戲有異曲同工之處，運動類遊戲也必須要符合大自然的物理原則，不過模擬類遊戲較注重機具類型，而運動類遊戲就比較注重人體活動行為，並以運動員的形式參與遊戲。一般說來，只要與任何運動有關的遊戲，都可以納入這個分類中，內容多數以較為人認識的體育賽事（例：NBA、世界盃足球賽、F1 賽車）為藍本，只要是越多人熱衷的運動，此類型的運動類遊戲就占有率則越高，其主要的特色就是在突顯出此類運動的刺激性與臨場感。特別是在大型機台中，運動遊戲經常有突出的表現，因為可以提供專用操作模式，不像電腦與家用主機只能提供按鈕操作。

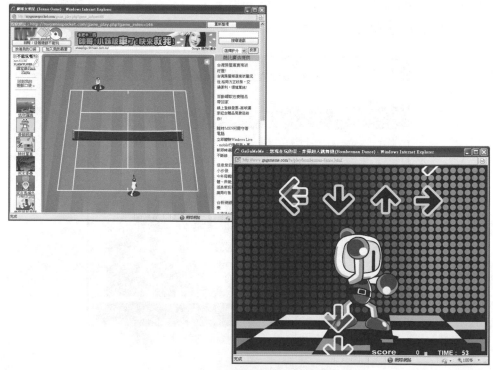

◉ 運動類遊戲網頁及跳舞機遊戲

2-6-1　賽車遊戲

例如跑跑卡丁車是一個非常老少咸宜的賽車電競遊戲，是韓國 NEXON 公司出品，由超可愛的卡丁車陪你一起軋車甩尾飄移，多種車款可供選擇與遊戲主題賽道，可供玩家選擇競賽，甚至有人為專程了鍛鍊手的靈活度而去接觸這個遊戲。遊戲橘子於 2019 年首度舉辦《跑跑卡丁車》世界爭霸賽，賽制採個人競速賽模式，比賽必須要進行 3 輪，有來自南韓、中國、台灣共 4 支參賽隊伍。

◎ 跑跑卡丁車是一款最新型 Q 版的賽車遊戲

◎ 2019 年跑跑卡丁車世界爭霸賽遊南韓隊奪得冠軍

　　「極速領域」（Garena）也是中國騰訊公司旗下一款簡單上手、操作手感絕佳的手機賽車類電競遊戲，包含經典賽車競速與道具賽等模式，特別是三分鐘就可玩一局，你可以誰利用手機體驗經典賽車競速外，盡情享受在賽道上瘋狂奔馳的快感。

◎ 極速領域可以讓玩家享受如同在賽道上瘋狂奔馳的快感

2-7 ▶ 角色扮演類遊戲（RPG）

　　不知道各位是否曾經有過當閱讀一本書或看某部電影時，心中暗想如果自己是某某角色，我會怎樣怎樣…等等的情況？角色扮演遊戲（Role Playing Games, RPG）就是基於這種原理，來提供玩家一種無限想像的抒發空間。也就是説，玩家負責扮演一個或數個角色，角色如同真實人物一般會成長。著名的遊戲太空戰士（Final Fantasy）、創世紀（Ultima）系列、魔法門（Might and Magic）系列等。

　　角色扮演遊戲最早是由桌上型角色扮演遊戲（TRPG, Table talk - Role Playing Game）演變而來，是屬於一種紙上的棋盤戰略遊戲，必須由一個遊戲主持人（GM, Game Master 或稱地牢主人），以及多個玩家所合力組成。在遊戲中，主持人就是遊戲靈魂，他是這個遊戲的故事講述者，同時也是規則解釋人。所有玩家就等於是故事中一個特定角色，而這個故事的精彩與否則是取決於主持人的能力。利用投擲骰子的方式，體驗不可預知的結果和玩家的行動，這就是角色扮演遊戲最原始的雛形。

　　桌上型角色扮演遊戲在歐美國家已經風行多年，其中最深具人心的一款作品為「D&D」系列遊戲。所謂的 D&D 就是我們俗稱的「龍與地下城」（Dragon and Dungeon），它是以中古時期的劍與魔法奇幻世界，為主要背景的 TRPG 遊戲系統。

◎ 圖片來源：http://www.wowtaiwan.com.tw/

　　基本上，可以說 D&D 系統創造了 RPG 遊戲類型，並且在目前絕大部分的同類型遊戲中，都遵循 D&D 系統所訂定的規則（戰鬥系統、人物系統、怪物資料等等），來進行遊戲內容相關的設定工作，並且隨著硬體設備的日新月異，RPG 遊戲除了原本的故事性外，也慢慢地開始強調遊戲畫面的聲光效果，帶給玩家更新奇的聲光感受。例如以目前網路遊戲「天堂二」（Lineage II）、「無盡的任務」（EverQuest），或「魔獸爭霸三」（WarCraft III）等，都完整參考龍與地下城各個時期所製作的規則系統。

2-7-1　動作角色扮演遊戲（ARPG）

　　「動作角色扮演」（Action Role Playing Games, ARPG）發展的時間較 RPG 遊戲與動作遊戲還要晚，同時具備動作遊戲與角色扮演遊戲要素。因為它是採取動作遊戲緊湊的玩法與 RPG 遊戲劇情的流程為主軸，這讓玩動作角色扮演遊戲的玩家可以玩到動作遊戲的刺激感與 RPG 遊戲的角色扮演機制，所以讓遊戲產業再度掀起一股獨特的風潮。以動作角色扮演遊戲來說，最早帶起這股風潮應該算是 PC 上由暴雪公司所推出的的「暗黑破壞神」（Diablo）與電視遊戲主機上的「薩爾達傳說」（Legend of Zelda），它們打敗了當時單純的 RPG 故事劇情敘述與單純的動作遊戲。

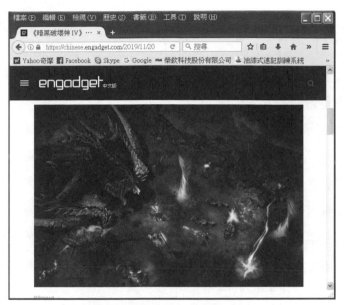

◎ 暗黑破壞神 4 的精彩畫面

　　遊戲中以 RPG 遊戲故事為軸心，再以動作遊戲表現方式，讓玩家可以在遊戲中看到整個角色扮演的故事情結發展與直覺式的痛快打鬥方式，近幾年來，ARPG 的遊戲彷彿已經席捲了整個遊戲市場，特別是現在又加入了網路連線功能，這讓玩家不只是可以在單機平台上玩，而且它更能夠讓玩家呼朋引伴在遊戲中大肆殺敵，著名遊戲還有聖劍傳說系列、仙劍奇俠傳等。以下是巴冷公主中不同場景的人物配置與分佈：

2-8 ▶ 冒險類遊戲（AVG）

談到冒險類遊戲（Adventure Game, AVG），早期這類遊戲多半在 PC 上發展，也是電腦遊戲初期的發展類型之一。隨著電腦效能的進步，冒險類遊戲也有了一番新的蛻變，多半發展成類似成動作角色扮演類遊戲，只有一些特殊條件不太相同而已。針對冒險類遊戲來說，具有 RPG 類型的人物特色，卻沒有角色扮演遊戲類型的人物升級系統，冒險類的遊戲架構其實大致上與 ARPG 遊戲的架構非常相似，只是冒險類遊戲還必須加上大量合理機關與劇情發展，讓玩家感覺就好像在看一場精彩的電影、一本小說一樣，設計者如果希望複雜一點，還可在遊戲中加入分支劇情，這樣會更加提升遊戲的豐富性。

發展最經典的遊戲應該屬於日本「卡普空」（Capcom）公司所發行的「惡靈古堡」（Biohazard）系列遊戲與（Eidos）公司所發行的「古墓奇兵」（TOMB RAIDER）系列遊戲，雖然故事內容不盡相同，可是卻都有一個共通點，就是以解謎為遊戲的主軸。

◎ 惡靈古堡系列遊戲畫面

1. 何謂益智類遊戲（PUZ 或稱 PZG, Puzzle Game）？

2. 益智類遊戲的特色為何？

3. 策略類遊戲除了戰略模式外，還包括哪些遊戲方式？

4. 請簡述何謂模擬類遊戲（Simulation Game, SLG）？

5. 請簡述第三人稱射擊類遊戲的特色。

6. 請說明角色扮演類遊戲的特色。

7. 請簡述第一人稱射擊（First-person Shooter）遊戲。

8. 請說明卡牌交換遊戲（Trading Card Game,TCG）。

MEMO

3 遊戲耐玩度設計的超強工作術

▶ 遊戲主題的定錨效應

▶ 遊戲設定的感染技巧

▶ 殿堂級遊戲介面的設計腦

　　我們知道早期的遊戲並未具備如同現在成熟的多媒體技術與電腦效能，但憑藉著所謂本身的「好玩」機制，仍然帶給玩家歷久彌新的懷念。其實我們會發現，不管是以前，還是現在的遊戲裡，只要是有好的遊戲主題與創新的規劃架構，這套遊戲就能獲得玩家的青睞，一個好的遊戲軟體必須功能與設計兼具，希望能讓玩家同時體驗劇情又富有耐玩度，絕對不可太過追求主機硬體效能與五光十色的 3D 視覺效果，千萬不要忘記，「耐玩度」才是天條。本章中我們要告訴各位真正增加遊戲耐玩度的各種超強工作術。

◎ 任天堂出品的遊戲特別是以耐玩度見稱

3-1 ▶ 遊戲主題的定錨效應

曾經有不少智者說過：「人因夢想而偉大」，夢想就是經常發展一款遊戲主題的開端。主題將會是決定遊戲是否大賣的一個很大因素，遊戲就跟一般商品一樣，你必須先決定出一個特定方向，那麼該如何產生一個遊戲主題（Game Topic），通常會經歷三個階段：從最初的「概念」（concept）形成，再轉化為遊戲「結構」（structure）雛形，最後才進入真正遊戲「設計」（design）階段，它涵蓋軟體與創意企劃的所有開發流程。

由於遊戲具有大眾化主題就會較適用於不同的文化背景的玩家族群，例如愛情主題、戰爭主題等，並容易引起牽引玩家們的共識與共鳴。如果遊戲題材比較老舊的話，不妨試著從一個全新角度來詮釋這個古老的故事，讓玩家能在不同的領域裡領略到新的意境。

例如巴冷公主這樣的主題緣起，就是因為台灣原住民所流下的文化資產都是口傳故事，如果能夠利用科技來讓它重新呈現，會不會就是一個很有原味的夢想開始。巴冷公主取材自魯凱族最古老的愛情神話故事，描述蛇王阿達禮歐為了迎娶巴冷公主，歷經千辛萬苦，通過惡劣環境的考驗，到大海另一端去取回七彩琉璃珠，這樣高潮迭起的劇情，配合最新的 3D 引擎系統來加以在遊戲世界中改編製作。

◎ 巴冷公主遊戲中的主角群

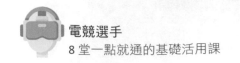
一套遊戲首先必須要將它的主題明確突顯出來，這樣玩家對於這套遊戲才有真正認同感與歸屬感。各位想想在欣賞「神鬼無間」這部影片時，很清楚知道主角李奧納多就是在黑白兩道間的臥底角色，目的就是要揭發黑道老大犯案的證據，就因為主題如此清晰，所以觀眾很容易就投入劇中情境而身陷難以自拔。

當我們將主題轉化文字說明時，就是為了確立遊戲建立設計雛形，還得想想看，要在遊戲加入那些元素才能顯得更為豐富出色！遊戲的主題是什麼？透過此款遊戲想要傳達何種概念？確認主題後，如何落實遊戲情節，如果遊戲具有互動性，如何讓玩家自行創造前進路線？談到遊戲主題的建立與強化，我們建議可以從以下五種因素來考量。

3-1-1　時代

「時代」因素的目的是用來描述整個遊戲運行的時間與空間，它代表的是遊戲中主角人物所能存在時間與地點。以單純時間特性來說明，時間可以包含了遊戲中人物的服飾、建築物的構造以及合理的周遭事件，所以設定明確的時間軸線才不會讓玩家們覺得整個遊戲的過程中會發生一些不合常理的人、事、物。

而空間特性指的是遊戲故事的存在定義，如同地上、海邊、山上或者是太空中，其目的是要讓玩家可以很清楚地瞭解到遊戲中存在方位。所以時代因素主要是描述遊戲中主角存在的時空意義，例如巴冷公主遊戲所談論的就是一千多年前在那個時間點，就在台灣南部屏東的某座山上小鬼湖附近的故事。

3-1-2 背景

一旦定義出遊戲所存在的時代後，接下來就必須去描述遊戲中劇情所發生的背景標的物。根據定義的時間與空間，還要設計出一連串的合理背景，如果在遊戲中常常出現一些不合理的背景，例如將時代定義在漢朝末年的中原地區，可是背景卻出現了現代的高樓大廈或汽車，或者在巴冷公主的場景中突然跑出了一臺阿帕契直昇機吧！除非合理的解釋，要不然玩家會被遊戲中背景搞得昏頭轉向，不知所措。

其實背景含括了每個畫面所出現的場景，例如巴冷遊戲的場景都在原住民部落中，所以必須一景一物都要符合那個時代原住民的生活所需。對於山川，樹林，沼澤，洞穴，建物等都利用 3D 刻畫，力求保有原住民的原始風味，對於各部落的建物，我們的製作團隊還特地深入原住民部落去實地考據，力求精確，可以將原住民生活環境完整呈現。

◎ 原汁原味的魯凱部落及特有的百步蛇圖騰的花紋

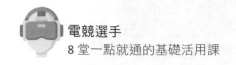
3-1-3　故事

　　一個遊戲的精采之處在於它的故事性是否足夠吸引人,具有豐富的故事內容能讓玩家提高對遊戲的滿意度,例如「大富翁 7」,它並沒有一般遊戲的刀光劍影的聲光效果,而是以繁華都市的房地產投資、炒股賺錢,還可以相互陷害的故事情節來鋪陳遊戲過程。

　　當各位定義時代與背景之後,就要編寫出遊戲中的故事串連情節了。故事情節是要讓遊戲能增加它的豐富性,安排上最好讓人捉摸不定、高潮迭起,當然合理性是最重要的要求。不能神來一筆就自以為是胡亂安排一番,例如許多原住民都認為自己是太陽之子,當然這是一種民俗傳說,旁人必須予以尊重。但我們在巴冷故事中就巧妙地加以合理神化,以下是部份內容:

　　聽說「太陽之淚」是來自阿巴柳斯家族第一代族長,他曾與來自大日神宮的太陽之女發生了一段可歌可泣的戀情。當太陽之女奉大日如來之命,決定返回日宮時,傷心時所留下的淚水,竟然變化成了一顆顆水晶般的琉璃珠。

　　她的愛人串起了這些琉璃珠,並命名為「太陽之淚」。一方面紀念兩人的戀情,另一方面保護她留在人間的代代子孫。傳說中這「太陽之淚」具有不可思議的神力,對一切的黑暗魔法與邪惡力量有著相當強大的淨化能力。

　　唯獨只有阿巴柳斯家族的真正繼承人才有資格佩帶。這條「太陽之淚」項鍊是在巴冷十歲時,朗拉路送給她的生日禮物,也宣示了她即將成為魯凱族第一位女頭目。

至於故事劇情的好壞判斷是因人而異，有的人會覺得好，有的人會覺得不好，這都只能靠著玩家們自己的感覺。故事劇情定義稱得上是一款遊戲的靈魂，它不需要高深的技術與華麗的畫面，不過絕對是舉足輕重的。

3-1-4　人物

　　通常玩家們最直接接觸到遊戲元素，就是他們所操作人物與故事中其它角色的互動，因此在遊戲中必須刻劃出正派與反派的人物角色，而且最好每一個設計的人物都有自己的個性與特色，如此一來，遊戲才能淋漓盡致的突顯出人物的特質，這包括了外型、服裝、性格、語氣與所使用武器等，有了鮮明的人物才能強化故事內容。例如在巴冷公主遊戲中每個人物的個性、動作，還有肖像的表情，都有自己的一套風格。而怪獸的種類、屬性非常多，都有自己獨特的動作，這些都是製作小組為了追求原住民的原始風味，深入原住民部落實地考查而得來的以下是巴冷遊戲中豐富的人物結構：

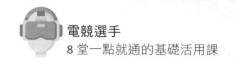

3-1-5　目的

遊戲的「目的」是要讓玩家們有了肯不斷繼續玩下去的理由，沒有了有趣明確的遊戲目的，我們相信玩家們可能玩不到十分鐘就會覺得索然無味，玩不下去。不管是哪一種類型的遊戲，都會有獨特的玩法與最終目的，而且遊戲中的目的不一定只有一種，如同有些玩家會為了讓自己所操作的人物達到更強的程度，這些玩家就會更加拼命地提升自己主角的等級，有些玩家就會為了故事劇情的發展而去拼命地打敵人過關、或者是為了得到某一種特定的寶物而去收集更多的元素等等，諸如此類。

例如巴冷公主遊戲的目的則是蛇王阿達禮歐為了要迎娶巴冷為妻，毅然決然地踏上找尋由海神保管著的七彩琉璃珠的下落。歷經了三年的風霜與冒險，旅途上到處充滿了各式各樣可怕的敵人，阿達禮歐終於帶著七彩琉璃珠回來了，並依照魯凱族的傳統，通過了搶親儀式的考驗，帶著巴冷公主一同回到鬼湖過著幸福美滿的生活。

3-2 ▶ 遊戲設定的感染技巧

一款受人歡迎的遊戲，首先必須注重各方面的合理性與一致性，因此在許多層面的呈現方式都必須做不同層面的設定。本節中我們將從美術、道具、主角風格的角度來討論遊戲內容設定的原則與特殊技巧。

◎ 遊戲設定的好壞對玩家的情緒有相當的感染效果

3-2-1　美術視覺設定

　　美術視覺，簡單形容，就是一種圖像視覺角度的市場定位，以便吸引玩家的眼光，在一款遊戲中，應該要從頭到尾都保持一致風格。美術視覺的一致性包括著人物與背景特性、造型定位等。

　　例如本公司曾經製作的一款 2D 冒險動作遊戲 - 誅魔記，遊戲風格就是以古典幽秘的中國畫風，採取多層次橫向捲軸畫面，搭配主角豐富動作的機制，加上各種炫麗的法術特效，讓玩家於遊戲進行中，感受到獨特又強烈的古典故事的感染力。

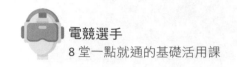

3-2-2　道具外貌設定

　　遊戲中道具設計，也要注意它的合理性，就如同不可能將一輛大卡車裝到自己的口袋一樣，另外在設計道具的時候，也要考慮到的道具的創意性。例如可以讓玩家完全遵從事先準備的道具來進行遊戲，也可以允許玩家自行去設計道具，當然遊戲風格的一致性就不能違背，例如巴冷突然拿把烏茲衝鋒槍殲滅怪物，那肯定讓玩家哭笑不得。以下是巴冷公主中符合當代原住民風格的經典道具：

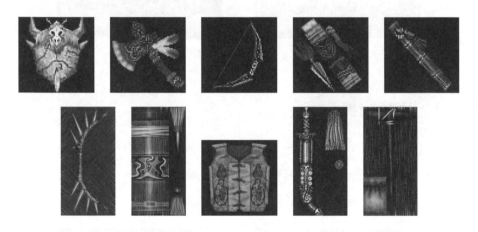

3-2-3　主角風格設定

　　遊戲中的主人翁絕對是一款遊戲的靈魂，只有出色的主角才能讓玩家們流連在我們所設計的遊戲世界中，遊戲的賣座就會有了可能成功的把握。事實上，在遊戲中主角不一定非要是一名正直、善良、優秀的好人不可，也可以是邪惡的，或者是介於正邪之間，讓人又愛又恨的角色。

　　從人性弱點的角度來看，有時邪惡的主角比善良的主角更容易使遊戲受歡迎。正所謂：「角色不壞，玩家不愛！」如果遊戲中的主角能夠邪惡到雖然玩家會厭惡他，但是卻又不能甩掉他，如此一來，會更想弄清楚這個主人翁到底能夠做出什麼、或者在遊戲中會遭遇到什麼下場，這種打擊壞蛋，看壞人惡有惡報的心態，更容易的抓住玩家們的心。

例如本團隊所設計的「英雄戰場」遊戲，融合 FTG（格鬥）+ STG（射擊）遊戲類型，重現亦正亦邪的主角西楚霸王項羽，以烏江江畔所獲的邪惡「蚩尤之石」，自由穿梭時空，控制中國各朝歷代武將，一舉顛覆歷史，企圖完成時空霸業。讓玩家選擇扮演古今著名武將與傳說英雄人物角色，相互爭奪寶物，廝殺對戰，享受著暢快淋漓的 PK 對戰樂趣，極盡滿足玩家的殺戮快感。

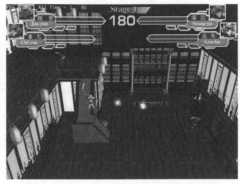

　　還要一點值得注意的是，當我們在設計主角風格時，千萬不要將它太臉譜化、原形化，絕對不要流俗。簡單的說，就是不要將主角設定成太「大眾化」。主人翁如果沒有自己的獨特個性、形象，那麼玩家們便因此而感到非常地平淡無趣。

◎ 每個人物都是遊戲主角，角色多樣性對遊戲的整體風格影響很大

3-3 ▶ 殿堂級遊戲介面的設計腦

一款遊戲光有精緻的畫面、動聽的音效與引人入勝的劇情還是不夠，它還必須擁有人機良好的操作方式，這就有賴於遊戲介面來幫助玩家，體驗到更精彩的遊戲世界。例如針對手機遊戲來目前許多智慧型手機或平板遊戲，都會在觸控螢幕畫面上顯示虛擬搖桿，模擬一般實體控制器讓玩家使用。對於一款好玩的遊戲來說，遊戲設計介面可不是想像中的那麼簡單，並不是把選單規劃一下，按鈕、文字框隨便安排到畫面上就結束了。從劇情內容的架構、操作流程的規劃到互動元件的選擇，頁面呈現的美觀都是一門學問。

◎ 受歡迎的遊戲一定有高 CP 值的遊戲介面

由於視覺是人們感受事物的主要方式，近來談到介面設計領域，如何設計出讓玩家能簡單上手與高效操作的用戶介面式是設計的重點，短短數年光陰，因為行動裝置的普及，讓手機遊戲數量如雨後春筍般的蓬勃發展，特別是手機螢幕較桌機小上很多，必須在小小的空間給玩家更好的操作體驗，設計時就得更加小心，因此近來對有關 UI/UX 話題重視的討論大幅提升，畢竟 UI/UX 設計與操作動線規劃結果，扮演著能否吸引玩家舉足輕重的角色，因為下載到難用的遊戲，真的就像遇到恐怖情人一樣可怕。

3-3-1　UI 與 UX 必殺技

　　全世界公認是 UI/UX 設計大師的蘋果賈伯斯有一句名言：「我討厭笨蛋，但我做的產品連笨蛋都會用。」一語道出了 UI/UX 設計的精隨。就算遊戲本身再好，如果玩家在與介面的互動的過程中，有些環節造成用戶不好的體驗，也會影響到玩家對這款遊戲的觀感、購買動機與黏著度。

◎ 遊戲玩起來的感覺就是 UI/UX 設計的靈魂

　　UI（User Interface, 使用者介面）是屬於一種虛擬與現實互換資訊的橋樑，也就是使用者和電腦之間輸入和輸出的規劃安排，遊戲介面設計應該由 UI 驅動，因為 UI 才是人們真正會使用的部份，我們可以運用視覺風格讓介面看起來更加清爽美觀。因為流暢的動效設計可以提升玩家操作過程中的舒適體驗，減少因等待造成的煩躁感。除了維持遊戲介面上視覺元素的一致外，盡可能著重在具體的功能和頁面的設計。

　　同時在遊戲設計流程中，UX（User Experience, 使用者體驗）研究所佔的角色也越來越重要，UX 的範圍則不僅關注介面設計，更包括所有會影響使用體驗的所有細節，包括視覺風格、程式效能、正常運作、動線操作、互動設計、色彩、圖形、心理等。真正的 UX 是建構在使用者的需

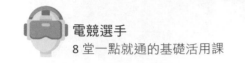
求之上,是玩家操作過程當中的感覺,主要考量點是「遊戲玩起來的感覺」,目標是要定義出互動模型、操作流程和詳細 UI 規格。

所謂「戲法人人會變,各有巧妙不同」,通常最能夠在一瞬間,第一時間抓住玩家目光的是什麼?就是遊戲介面,因為它代表遊戲的門面。其實遊戲介面主要功能是用來讓玩家使用遊戲所提供的命令、或提供玩家遊戲傳達的訊息而已。當遊戲進行到如火如荼時,一個遊戲介面的好壞絕對會影響到玩家們的心情,因此在遊戲介面的設計上,各位也要下一點功夫才行。

◎ 巴冷有原木古典風格的操作主介面示範

最簡單的原則是在遊戲中玩家們所操作的介面儘量採用圖像或符號介面來表達指令的輸入,儘量少採用單調呆板的文字功能表示。如果非要使用文字的話,也不一定要使用一成不變的功能表式,我們可以使用更新潮的介面觀念來表達。要開發一款成功爆紅的遊戲介面,我們提供了以下建議給玩家們參考。

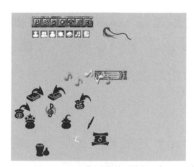

◎ 操作圖鈕（icon）的辨識度和色彩感十分重要

3-3-2　干擾玩家就是逆天

　　開發遊戲時，切記不要用複雜的介面為難玩家，怎麼從一個玩家操作的小按鈕，到跳出的提醒視窗都必須能符合這個條件，直觀好上手的原則絕對是王道。一款遊戲介面首先必須避免干擾到玩家所操控的平台，例如一套遊戲的遊戲介面是採用即時框架來呈現，而這種介面框架又時常容易擋到玩家對於主角的操作。雖然即時對話框的構思很不錯，不過如果沒有善加處理空間來配置環境介面位置時，玩家所操作的遊戲主角，就會因為被環境介面擋到，而被敵人打到半死。如同這種做法，一般遊戲就很容易犯下這種錯，不但對遊戲的故事劇情沒有幫助，而且還會導致玩家非常反感。如下圖所示：

人物被對話框擋到了！

對話框配置在畫面的下方

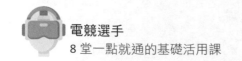

筆者記得之前曾經還玩過一種 FPS 射擊遊戲，人物的移動控制鍵分別為「上、下、左、右」、手攻擊鍵為「A 鍵」、腳攻擊鍵為「S 鍵」、跳躍為「空白鍵」看似簡單，不過由於它的左右鍵是控制人物的平行左右移，一旦要執行轉身動作，就要使用滑鼠。

天啊！如果沒有遇到敵人那還好，但是一遇到敵人的時候，兩隻手便得迅速地在滑鼠與鍵盤之間穿梭，不要說打敵人了，就連主角要移動都來不及了，這時就算是一個電玩高手來玩，他都沒有辦法控制的很流暢，不信您可以試試一方面要按「A 鍵」打敵人，一方面還要移動主角，而且還要使用滑鼠來轉向。

3-3-3　人性化就是王道

遊戲設計的核心價值在於「人」，當然希望介面能滿足目標玩家的需求。以單純介面功能來說，它是介於遊戲與玩家之間的溝通管道，所以如果它的人性化考量越濃厚，玩家在使用起來就越容易與遊戲溝通。

太炫麗色彩也會給玩家眼球負面的影響，所以盡量簡化配色方案，保留簡單的核心元素才是成功吸引玩家的關鍵，因為簡約主義風格是形式和功能的完美融合，而且要盡量以圖形代替文字，提升用戶體驗。

例如某一種賽車類型遊戲，當按「上」鍵，車子會執行加油前進動作、按「下」鍵，車子會執行煞車動作、而換檔則是「1」、「2」、「3」、「4」及「5」鍵、切換第一人稱視角則為「F1」鍵、切換第三人稱視角為「F2」鍵等複雜的組合鍵，非常不夠人性化，就會搞得玩家們暈頭轉向。

還有以筆者個人的觀察，玩家多半不喜歡看遊戲說明書，最好能在最短時間內讓玩家了解這款遊戲的玩法和功能，不過有些標榜超專業的遊戲

還是沾沾自喜地推廣厚厚一本的遊戲說明書，通常遊戲盒子也相當有份量的重。不過實際上能將這種說明書看完的玩家，幾乎是寥寥無幾。

以「古墓奇兵」PC 版來說，開發者為了要配合蘿拉動作的變化，除了基本操作的方向鍵之外，可能還要加入其他的 Shift 或 Ctrl 鍵，因此在發展到「古墓奇兵 7」時，蘿拉不只有水中的動作，身上還有望遠鏡、繩索及醫包。遊戲進入系統後，要利用平行視窗或是母子視窗比較好，要不要儲存按鍵的訊息等，都會考驗著開發者的智慧；如果藝術和實用並進，則會增加遊戲的耐玩度。如果介面的操作困難，即使故事性十足，玩家亦有可能放棄它，真是「差之毫厘，失之千里」。

◉ 養成類遊戲的介面以討喜可愛風居多

有些即時戰略遊戲，它的介面就做得非常地人性化。當玩家去點選敵方的部隊時，遊戲介面上會出現「攻擊」指令圖示，而當我們去點選地圖上某一個地方時，遊戲介面上則會出現「移動」的指令圖示，諸如此類。在遊戲中，不會看到一堆無用的說明指令，整個畫面讓玩家看起來相當乾淨與簡單，在沒有說明書的輔助情況下，就可以直接操作，而且又很容易上手。

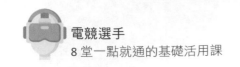

　　至於本公司製作的動作射擊遊戲－陸戰英豪之重回戰場，它提供四種連線對戰模式，最簡單的只需要序列埠即可連線對戰，另外還有數據機撥號連線對戰、區域網路對戰及 Internet 連線戰場大戰。操控性高，操作卻又很簡單，包括加速、減速、煞車及倒車功能一應俱全，還能作定速巡航。最重要的是五個按鍵就能讓您無拘無束奔馳在沙場，與敵軍周旋作戰了！

3-3-4　抽象概念的簡約風

　　簡約是任何設計一貫的準則，容易給人一種「更輕」的體驗，更能讓玩家的眼睛集中專注在有意義的訊息。記得在「善與惡」（Black & White）這一款遊戲中，看到了一種非常令人感動的遊戲介面，那就是「無聲勝有聲的簡單介面」，也就是「抽象化介面」。

　　換句話說，玩家在遊戲中是看不到任何固定的表單、按鈕、或選單，它是利用滑鼠的滑動方式來下達「補助指令」。

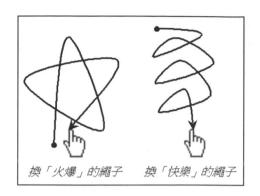

換「火爆」的繩子　　換「快樂」的繩子

　　「補助指令」就是除了撿拾物品、丟掉物品、或點選人物之外的功能指令。例如在「善與惡」的遊戲中，我們要換牽引聖獸的繩子時，只要利用滑鼠在空地上畫出我們所要的繩子指令，就可以換下聖獸上的繩子了。事實上，遊戲中使用抽象化介面是一種相當有創意的方式，可以讓玩家有一新耳目的觀感，在進行遊戲設計時是一種可以考慮的作法。

1. 遊戲主題的建立與強化，各位可以從哪五種因素來努力？

2. 試說明遊戲平衡的意義。

3. 請介紹 UI（使用者介面）/UX（使用者體驗）。

4. 何謂美術視覺？試簡述之。

5. 該如何產生一個遊戲主題（Game Topic）？

6. 請簡述遊戲故事的重要性。

4 電競達人必學的
遊戲宮心計

電競遊戲就像是真實體育場上常見的運動項目一樣，只有「知己知彼，方能百戰百勝！」，每個遊戲都有死忠鐵粉，各位必須清楚只有遊戲本身才是電競賽事的真正靈魂，即使你是一位戰功彪炳的電競高手，除了擁有快手和快腦之外，還需要細心，如果能夠洞悉遊戲中各種如迷宮般複雜的關卡與眉角的設計，相信在過關打怪時一定能夠更加如虎添翼。

◎ 電競高手也必須熟知遊戲中的各種宮心計
參考網址：https://cnews.com.tw/120180424a01/

4-1 ▶ 遊戲說故事的巧門

遊戲設計團隊在定義出遊戲主題與系統後，接著就可以嘗試畫出整個遊戲的概略流程架構圖，目的是要用來設計與控制整個遊戲的運作過程，讓你製作遊戲不會迷失了方向。首先我們可以從兩個基本方向來定義，那就是遊戲要「如何開始」與「如何結束」。我們就以一個簡單的小遊戲來說明如何畫出遊戲流程架構圖，如下圖所示：

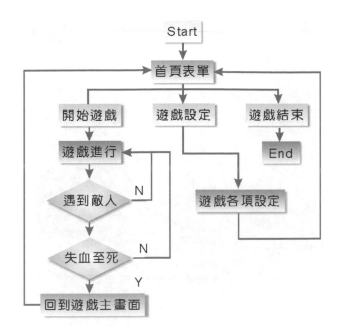

由上圖中可以清楚看到遊戲的首頁表單，玩家可由首頁表單中開始進入遊戲，而在遊戲中可能會得到寶物或是遇到魔王，也可能稍不注意就被敵人打死，然後結束遊戲。以上的流程圖只是從程式面來陳述流程。而如果從劇情的角度來陳述，又可區分為以下兩種。

4-1-1　倒敘法

倒敘法完全顛覆既有橫向動作遊戲的概念，就是將玩家們所在的環境先設定好，一開頭就丟給觀眾既刺激又驚悚的震撼開端，把事件的結局或某個最突出的片斷提在前面敘述，然換句話說，就是先使玩家們處於事件發生後的結局，就是後再讓玩家們自行回到過去，自己去發現事件到底是怎樣發生的，或者讓玩家們自行去阻止事件的發生，如同「MYST」（迷霧之島）的 AVG 遊戲就是最典型的例子。

◎ 迷霧之島是一款經典動作冒險遊戲

4-1-2 正敘法

正敘法就是以普通表達方式，讓遊戲劇情隨著玩家們的遭遇而展開，換句話說，玩家們對於遊戲中的一切都是未知的，而這一切的事實就是等待玩家們自己去發現或創造。一般而言，通常多數遊戲都是以這樣的陳述式來描述遊戲故事劇情，如同本公司設計的巴冷公主遊戲，就是講述蛇王阿達禮歐為了迎娶巴冷公主，歷經千辛萬苦，通過惡劣環境的考驗，到大海去取回七彩琉璃珠，這段堅貞的愛情追求歷程，張力十足、情節淒美。

◎ 巴冷公主是講述一個原住民少女的冒險愛情故事

4-2 ▶ 電影藝術與遊戲完美融合

　　以近幾年當紅的遊戲來看，有許多知名的遊戲都將電影拍攝手法應用在遊戲上，使得玩遊戲更像看電影一樣，這讓玩家們感覺大呼過癮。像是 SQUARE（史克威爾）公司所推出「Final Fantasy」（最終幻想）遊戲系列來說，就是將現今電影的製作手法加入到遊戲中而大受歡迎。

◉ 最終幻想經典遊戲

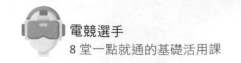

例如有一種在電影中相當流行的定律，就是攝影機位置與角度在移動的時候，它不能跨越兩種物體的軸線。說明如下：

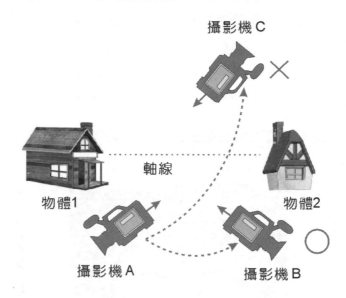

當攝影機在拍攝兩個物體的時候，例如兩個面對面對話的人，這兩個物件之間的連線，稱其為「軸線」。當攝影機在「A」處先拍攝物體 2 之後，下一個鏡頭，就應該要在「B」處拍攝物體 1，其目的是要讓觀眾感覺物體在螢幕上的方向是相對，如此在鏡頭剪輯之後再播放，也不會造成觀眾對於方向上的混亂。但是如果將攝影機在「A」處拍攝完物件 2 之後，在「C」處拍攝物件 1 的話，那麼這就會發生人物就好像在螢幕上瞬間移動一樣，這會造成觀眾對於方向上的混亂。

4-2-1　第一人稱視角

遊戲有一個與電影相當不同的地方，這也是近年來遊戲產業在製作遊戲時的一種趨勢：利用各種攝影機技巧，來變更玩家在遊戲中的「可視畫面」。就拿上述定律來說，其實嚴格説起來，也不是規定不能跨越

這條軸線,只要將攝影機的移動過程讓觀眾能夠看見,而且不要將繞行的過程剪輯掉,那麼觀眾便可以自行去調整他們自己的視覺方位。如上述的這些手法,就可以將它們運用在一般遊戲的過場動畫中。這種類似攝影機的觀念,還可以應用在一般遊戲中,最常用的玩家敘述角度(視角)來區分,分別為「第一人稱視角」和「第三人稱視角」。

所謂的第一人稱視角,是以遊戲主人翁的親身經歷作劇情敘述的角度,通常在遊戲螢幕中不出現主人翁的身影,這會讓玩家們感覺到他們就是遊戲中的「主人翁」,因此讓玩家們更容易投入到遊戲的意境中。簡單來說,是由至少四個角度 X、Y、Z 與水平方向所定義的攝影機,來拍攝遊戲的顯示畫面。

玩家可以透過游標的控制作用,來左右旋轉攝影機的角度,或上下移動(垂直方向動作)攝影機的拍攝距離。這種型式的攝影機,並不是說它是固定在原地的,而是指它可以在原地做鏡頭的旋轉,用以觀察不同的方向,示意圖如右。

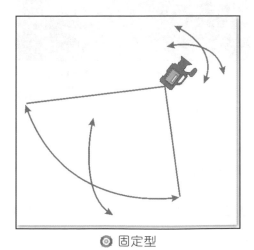

◎ 固定型

事實上，自從第一個第一人稱視角射擊遊戲「德軍總部 3D」推出以來，越來越多的遊戲開始以第一人稱視角來製作遊戲畫面。第一人稱視角不僅只應用在單純的射擊遊戲之上，甚至許多其它類型遊戲（SPT、RPG、AVG，或某些以 Flash 軟體製作的第一人稱虛擬電影等等）都允許玩家透過「熱鍵」（Hot Key）的方式，來切換攝影機在遊戲中的拍攝角度。不過第一人稱視角的遊戲在遊戲編寫上卻比第三人稱視角的難度還要大。以歐美國家來說，它們所製作的 RPG 遊戲喜歡以第一人稱視角來進行遊戲的故事劇情，如「魔法門」系列。

◎ 德軍總部 3D 遊戲畫面

4-2-2　第三人稱視角

第三人稱視角是以一個旁觀者的角度來觀看遊戲的發展，雖然玩家們所扮演的角色是一個「旁觀者」，但是對於玩家們的投入感與體驗來說，第三人稱視角的遊戲不會比第一人稱視角遊戲來的差。在過去普通的

2D 遊戲中或許感覺不出任何攝影機存在，其實也可以利用攝影機技巧，由某個固定角度來拍攝遊戲畫面，並提供縮放控制動作，來模擬 3D 畫面的處理效果，這也是「第三人稱視角」的應用。這種型式的攝影機，它的移動方式是以某一點為中心來做圓周運動，並維持攝影機鏡頭朝向中心點。這種型式相當於追蹤著某一點，示意圖如下：

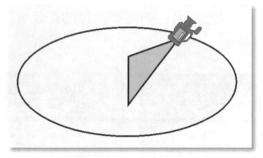

◎ 同心圓型路徑

說句真心話吧！以筆者而言，倒是比較偏好於第三人稱視角的遊戲，因為筆者在玩第一人稱視角遊戲時，經常被弄的昏頭轉向，像巴冷公主遊戲就是屬於第三人稱視角。

另外在第三人稱視角的遊戲中，也可以利用各種不同方式來加強玩家們對於遊戲的投入感，例如玩家們可自行輸入主人翁的名字、或是自行挑選主人翁的臉譜等。但是可千萬不要在同一款遊戲中隨意做視角間的切換（一會兒用第一人稱視點，一會兒用第三人稱視點），這樣會導致玩家對於遊戲的困惑和概念的混淆。通常只有在遊戲中的過關演示動畫或遊戲中交代劇情的動畫裡，才有機會使用這種不同視點的切換。

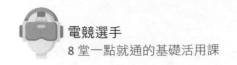

4-2-3　對話腳本的意境掌握

　　談到這裏，也來順道介紹另一種電影的應用－對話。對話是任何表演藝術中非常關鍵的樞紐，無論是在戲劇、電影或某些遊戲（如角色扮演遊戲），為了要突顯出遊戲中每一個人物的性格與特點，勢必要在遊戲中確立每一個人有每一個人說話的風格，同時，遊戲的主題也會在對話中得以實現。如下圖是巴冷公主中兩個頭目的對話，因為是頭目，所以對話內容必須沉穩莊重：

　　通常一款遊戲中至少要出現 50 句以上常用且饒富趣味的對話，而且它們之間又可以互相組合，如此一來，玩家才不會覺得對話間過於單調無聊。還有要儘量避免太過於簡單的字句出現，如「你好！」、「今天天氣很好！」等。事實上，對話可以加強劇情張力，在遊戲中的對話不要太單調呆板，應該要儘量誇張一些，必要的時候補上一些幽默笑話，並且不必完全拘泥於時代的背景與題材的限制。畢竟遊戲是一項娛樂產品，目的是為了讓玩家們可以在遊戲中得到最大的享受和放鬆的心情。

4-3 ▶ 深不可測的遊戲魔法師

人類是一種最好奇的動物，越是撲朔迷離的事情，越是感到充滿好奇與興趣。而遊戲中所要表達的情境因素非常重要，因為只要滿足有人的本性，如此一來才足以牽動人心，使得玩家們更能夠真正沈醉於遊戲中。例如製造懸疑氣氛，就是一種可為遊戲帶來緊張和不確定因素，目的是勾起玩家們的好奇心，並猜不出下一步將要發生什麼事情。例如遊戲設計者可以在一個奇怪的門後面放著一些玩家們所需要的道具或物品，但門上有幾個必須要開啟的機關，如果開啟錯誤機關的同時會引起粉身碎骨的爆炸。

◎ 意外與驚喜是牽動玩家心靈的魔法

雖然玩家們不知道門後面到底放置些什麼物品，不過可以透過週邊提示，使得玩家瞭解到這個物品的功用，也知道打開門的同時會發生危險，因此，要如何安全打開門就成為玩家們費盡心思要解決的問題。由於玩家們並不知道遊戲會如何發展，因此玩家對於主角的動作有了一種忐忑不安的期待與恐懼。

4-3-1 關卡的迷幻懸念

在所有的遊戲發展的預期目標中，玩家們就是透過經驗實現與不可預測性的事件抗爭來取樂，如此一來，自然而然地提升了遊戲對玩家們的那麼刺激感，這就是遊戲關卡的應用。好的關卡設計就是表示遊戲的最佳表現方式，通常它會在遊戲的橋段隱藏驚奇的寶箱、神秘的事物，或者是驚險的機關、危險的怪獸。無論是那一種，對於開發者而言就是將場景和事件結合，建立自己任務的邏輯規範。別出心裁的關卡設計可

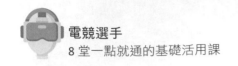
以彌補遊戲故事性的不足，通常它會在遊戲橋段中隱藏驚奇的寶箱、驚險的機關、危險的怪獸，或者隱藏關卡、隱藏人物、通關密碼等。

例如在「導火線」遊戲中，以非線性設計的關卡設計，玩家能以第三人稱視角進行遊戲，闖關時主角有五種主要武器及四種輔助武器可供使用，如果運用得當，這些武器就能變換出二十多種不同的攻擊方式。隨著故事主人翁必須完成的使命，不同的關卡讓主角在跳躍、射擊、翻滾的闖關過程中，必須利用巧妙的機智才能闖過七個關卡。

當玩家通過遊戲的關卡時，設計者也可以給玩家們一些突如奇來的獎勵，例如精彩的過場動畫、漂亮驚奇的畫面、甚至讓玩家可以得到一些稀有難得的道具等。這些無厘頭的驚喜非常有意思，不過值得我們注意的是這些設計千萬不要影響到遊戲的平衡度，畢竟這些設計只是一個噱頭而已。例如巴冷公主遊戲內容中的每個關卡都有巧妙的安排各種事件，依照事件的特性，編排不同的玩法。就遊戲的地圖而言，以精確的考據及精美的畫工為主要訴求點。我們並不希望玩家在森林或者地道裡面迷路，而希望玩家可以在豐富多變的關卡裡找到不同的過關方法。

◎ 巴冷遊戲以刺激有趣的關卡來強化玩家能繼續玩下去

本公司也曾推出一套相當受歡迎的「新無敵炸彈超人遊戲」，就是一款簡單易上手，內容又不失刺激有趣的動作益智遊戲，就是以闖關為整個遊戲的重心。遊戲共分八大關卡，每關分為三小關，共計二十四關，加上兩個隱藏關卡，總計二十六個關卡。主要玩法則是於有限的時間內，充分利用遊戲中地形關卡，掌握不同炸彈的引爆時間來殲滅對手。遊戲過程中還會隨機出現許多豐富有趣的道具，可用來陷害競爭對手！

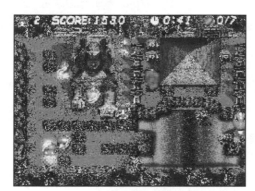 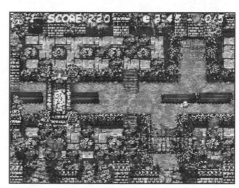

◎ 新無敵炸彈超人遊戲有許多別出心裁的關卡設計

4-3-2 遊戲因果律

另一種製造遊戲深不可測氣氛則是利用所謂「遊戲因果律」，遊戲因果律指的就是遊戲對於玩家在遊戲中所做的動作或選擇上有某些特定的反應。例如主角來到一個村落中，村落裡沒有人認識他，因此而拒主角於千里之外，但是當主角解決了村落居民所遇到的難題之後，主角便在村落中聲名大噪，因而主角可以在村落居民的口中得到下一步任務的進行。

我們再舉一個很簡單的例子，在遊戲中，有一個非常吝嗇的有錢人，這個有錢人平常就不太愛理會主角，但是在一個機緣下，主角救了這個有錢人之後，爾後有錢人遇到主角時，態度則變得一百八十度的神

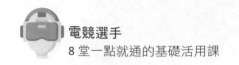
奇轉變。諸如此類,可以將主人翁身上加上某些參數,使得他的所作所為足以影響到遊戲的進行和結局。

以上這種明顯有前後因果的關係,稱為線性關連性,包括線性結構與樹狀結構。而遊戲的非線性關連性指的是開放的結構,而不是單純的單線或多線制。簡單來說,遊戲的結構應該是屬於網狀型,而不是線狀或是樹狀,所以非線性即是將遊戲中的分支交點可以允許互相跳轉。如下圖所示:

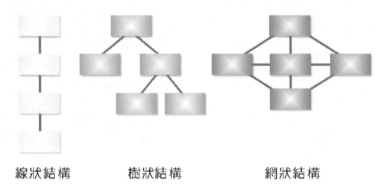

線狀結構　　　　樹狀結構　　　　　網狀結構

基本上,在遊戲中使用非線性交互性來陳述劇情,更容易讓玩家有莫測高深的神秘感。如果從遊戲的不可預測性來看,可以將遊戲區分成兩種類型,如下所示:

- **技能遊戲**:技能遊戲的內部運行機制是確定的,而不可預測性所產生的原因是遊戲設計者故意隱藏了運行機制,玩家們只要透過遊戲運行的機制與控制(即為某種技能),就可解除這種不可預測性事件。

- **機會遊戲**:機會遊戲中遊戲本身的運行機制是模糊,它具有隨機因素,玩家們不能完全透過對遊戲機制的瞭解來消除不可預測性事件,而遊戲動作所產生的結果也是隨機而定。

4-3-3　情境擴散法

以上的講述都是利用遊戲執行流程來控制懸疑性，其實還有一種「情境擴散法」，藉由周遭的人物的情境來烘托某個角色的特質。例如洞中有一個威力無比的可怕怪物，當主角走進漆黑洞穴裡，赫然看到滿地的骨骸、屍體、或者是在兩旁的牆壁上，有許多人被不知名的液體封死在上面，接著傳來鬼哭神號的慘叫。以這種讓情境放大擴散的手法可以立刻讓玩家們感受不寒而慄，與即將面對生死存亡的恐懼感，間接當然突顯了這隻怪物令人心驚膽顫的威力。

◉ 恐怖場景的氣氛能讓遊戲玩家更投入其中

4-3-4　遊戲節奏私房技

遊戲節奏的流暢度也是緊扣玩家心弦的法寶之一，因此在製作一款遊戲的時候，也應該要明確地指出遊戲中的時間觀念與現實生活中時間觀念的區別。在遊戲中的時間是由計時器所控制，作用是給玩家們一個相對時間概念，使得遊戲的往後發展有了一個參考時間系統，而這種計時器又可以將區分成兩種，說明如下：

■ **真實時間計時器**：真實時間的計時器就是類似 C&C（終極總動員）和 DOOM（毀滅戰士）的時間表示方式，是以真實的時間為主。

■ **事件計時器**：它指的是回合制遊戲與一般 RPG 和 AVG 遊戲中所定時的表現方式。事實上，有些遊戲也會以輪流的方式來設定這兩種定時裝置，或者同時採用這兩種定時的表現方式，例如「紅色警戒」中的一些任務關卡的設計。在即時計時類型遊戲中，遊戲的節奏是直接由時間來控制的，但是對於其他的遊戲來說，真實時間的作用就不是很明顯，就需要用其他的辦法來彌補。不過在當紅遊戲中，多半遊戲都會儘量讓玩家們來控制整個遊戲的節奏，較少是由遊戲本身的 AI 來做到。

如果需要的話，遊戲設計者必須要儘量控制讓玩家們難以察覺到遊戲節奏表現方式。如同在「冒險類遊戲」（Adventure Game, AVG）的遊戲中，則可以調整玩家們活動空間的大小（如 ROOM）、或者調整玩家們活動範圍的大小（如遊戲世界）、或者是調整遊戲謎題的困難度等，這些動作都可以令遊戲改變本身的節奏。至於在「動作類遊戲」（Action Game, ACT）的遊戲中，則可以調整敵人的數量、或是敵人的生命值等方法來改變遊戲本身的節奏。

在「角色扮演類遊戲」（RPG）的遊戲中，除了可以採用與 AVG 遊戲中類似的手法之外，還可以調整事件的發生頻率、或者調整遊戲中敵人強度等，總之儘量不可讓遊戲拖泥帶水。一般來言，遊戲節奏會因為越接近遊戲尾聲而越來越快，如此一來，玩家們就會越感覺到自己正逐漸加快步伐地接近遊戲的結局。

4-4 ▶ 遊戲死結處理

即便對於一個遊戲設計的老手而言，都很容易在遊戲進行發生以下三種類似死結或停滯的狀況，因而讓遊戲無法順利進行，那就是「死路」、「遊蕩」、「死亡」，以下我們說明三者之間的差距如下：

4-4-1 死路

「死路」指的是玩家們在遊戲進行到一定程度後，突然發現自己進入到沒有可以繼續進行下去的線索與場景了，這種情況也可以將它稱為「遊戲當機」。通常會出現這種情況是因為遊戲設計師事先沒有做到整體遊戲的全面考量，也就是沒有將所有遊戲中可能流程全部計算出來，因而當玩家沒有依照遊戲設計者所規定的路線前進時，就很容易造成遊戲進行中的死路現象。

◎ 當機是玩家最痛恨的狀況

4-4-2 遊蕩

「遊蕩」指的是玩家在廣闊的地圖上任意移動時，卻很難發現遊戲下一步發展的線索和途徑，這種情況玩家們將它稱為「卡關」。雖然這種現象在表面上與「死路」很類似，但是兩者本質卻有不同。通常要解決遊蕩的方法就是在故事發展到一定程度時，就把地圖的範圍縮小，讓玩家可以到達的地方減少，或者是讓遊戲路徑的線索再明顯地增加，讓玩家可以得到更多提示，而且可以輕鬆地找到故事發展的下一個目標。

◎ 卡關也會造成玩家的困擾

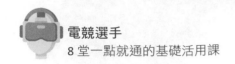
4-4-3 死亡

通常遊戲中主角死亡的情況分成兩種,這也是開發者容易弄錯的地方。一種是因某些目的而死亡,另一種則是真正的結束。請看以下說明:

- **因目的而死亡**:這是一種配合劇情進行中的需要,例如當主角被敵人打死(其實是受到重傷而已),很幸運地被一個世外高人所救,並且從這個高人身上學習到一些厲害招式後,再出來江湖上重新闖蕩。

- **遊戲結束**:這種死亡則是所謂的「Game Over」,是讓玩家所操作主角面臨真正死亡。一般而言,玩家必須要重新開始或讀取進度才能繼續進行遊戲。

4-5 ▶ 遊戲劇情的鋪陳

有些遊戲玩一會就覺得了無新意,有些則是百玩不厭,關鍵就在於遊戲的劇情張力,它也是影響遊戲耐玩度的重要因素。以目前市場上遊戲的評價來看,可以區分化成兩種,一派是無劇情的刺激性遊戲,另一派是有劇情的感官性遊戲。分述如下:

4-5-1 無劇情體驗遊戲

　　無劇情的遊戲著重在於遊戲帶給玩家的臨場刺激感,如「戰慄時空」。這款遊戲的主要目的是要讓玩家自行去創造故事的發展,整體環境營造與氣氛十分優秀,在遊戲中,它只告訴玩家主角所在的時空與背景,而遊戲劇情的流程運作是要玩家自己去闖蕩。如同「戰慄時空」遊戲的安排,玩家所扮演的角色是一個拿著槍的人物,並且夥同朋友一起去攻打另外一支隊伍,而在這種攻打另一支隊伍的同時,也創造出了一個屬於玩家自己的「故事」。

◎ 環境互動與戰鬥模式是戰慄時空遊戲相當難得的遊戲體驗

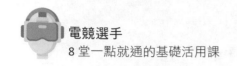
4-5-2　有劇情幫襯遊戲

有劇情遊戲重點在於遊戲帶給玩家的劇情感觸，這種遊戲的主要目的是要讓玩家隨著遊戲所編排的故事劇情來運行，在遊戲中，會先讓玩家們瞭解到所有的背景、時空、人物、事情等要素，而玩家就可以依照遊戲劇情的排列順序來進行發展，如同一般的角色扮演遊戲，玩家會扮演著故事中的一名主角，而遊戲中的劇情發展都是環繞著這名主角周圍大小事件所發生，所以有劇情遊戲也就是讓「故事」來引導我們，巴冷公主就是這種類型。

如果這是一款有劇情遊戲，比較容易會增加遊戲的耐玩度。通常利用劇情來增加遊戲效果，可以區分為三種安排方式。當然一款遊戲中有時也會穿插不同的劇情安排方式，請看以下說明。

刻畫入微式劇情

人是很容易被感染的動物，越能刻畫入微地將人事時地物描述清楚，越能讓玩家有身歷其境的感觸。舉個例子來說，如果只是以一種很簡單的敘述說明某種狀況，如下列所示：

A 君向著 B 君。
A 君說：「聽說樹林裡出現了一些可怕的怪物。」
B 君說：「嗯！」
A 君說：「這些可怕的怪物好像會吃人。」

以上述平淡無奇的對話中，實在很難去斷定這種對話的情境到底是「不以為意」還是「憂心忡忡」成分比較重呢？既然連設計者都不能判斷它的情境，那更不用說遊戲玩家了。不過如果將上述的對話修改成如下列所示：

A君背上背著一把短弓，腰上繫帶著一把生鏽的短刀，面色凝重地向著B君。

A君以微微顫抖的雙唇道出：「前幾天，我的兄長到村外不遠的樹林裡打獵，可是他這一去就去了好幾天，不知道會不會發生什麼危險。」

B君道：「你的兄長？！村外的樹林？！唉呀！會不會被怪物抓走了啊！」

A君臉色大變地道：「怪物？！村外的樹林裡有怪物？！」

從上面這兩個簡單的對話例子來看，兩者的情境感染力差距就相當大，第二個對話的例子就很容易將玩家帶進當時情境中，而且會讓玩家有衝動想要更加瞭解遊戲中的劇情。以下是巴冷中的一段情節，敘述她大戰台灣山區特有鬼魅魔神仔的精彩片段，透過劇情的張力讓玩家有驚聳刺激、高潮迭起的投入感：

聽完小黑的遺言，巴冷心意已決，只見她凌空躍起，以大鵬展翅之勢，緊繞魔神仔上空旋轉。她眼中緊含著淚水，心中悲憤異常。一頭烏黑的秀髮竟然如刺蝟般的豎立起來，巴冷準備驅動自己生命中所有的靈動力與魔神仔同歸於盡。

正當魔神仔興奮地咀嚼小黑還在跳動的心臟時，巴冷使出幽冥神火的最終一擊，即使知道這招可能會同時讓她喪命也再所不惜，她大喝道：「烏利麻達哗呸！」

一道紫紅色泛著金黃光環的強光疾射向魔神仔的心臟，當被幽冥神火不偏不倚的射中時，牠突然停止所有的動作靜止不動，已經剩下最後一口氣的小黑，同時自殺式地引爆，結束自己的生命。

「砰！砰！砰！」連續數聲如雷般的巨響，魔神仔與小黑同時被炸成了數不清的肉塊及殘骸。不過匪夷所思的是魔神仔的心臟竟然還能跳動，一副作勢想要逃走的模樣。在半空中施法的巴冷見狀，唯恐這顆心臟日後借屍還魂，急忙丟出身上所佩帶的「太陽之淚」。

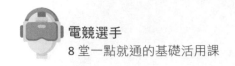
單刀直入式劇情

　　遊戲的建立是由主題來拓展，而主題也就是貫穿遊戲中的整體架構，但是所設計出來的遊戲主題，可以從玩家角度而衍生出許多的變化。單刀直入式劇情是被放置在遊戲的起始階段裡，目的是用來將劇情講清楚說明白，最主要是要告訴玩家接下來遊戲的最終目的。以「巴冷公主」來說，遊戲畫面一開始，玩家會看到「巴冷」與「阿達里歐」在溪邊相遇的情景，正當巴冷要與阿達里歐面對面接觸時，阿達里歐則化做一陣輕煙，並且消失在空氣中。

　　說時遲那時快，巴冷從床上醒來，並且發現剛才的畫面原來是一場夢，而這個夢便展開了巴冷與阿達里歐之後的冒險過程。在以上陳述中，可以看到遊戲的結局，當巴冷在遊戲冒險中，巧遇阿達里歐、卡多、依莎萊等伙伴，並且故事劇情一直讓阿達里歐環繞在巴冷的生活中，最後兩個人相愛結合。

　　坦白說，對於一款遊戲來說，最差勁的做法就是直接了當地告訴玩家們故事結局。巴冷的劇情雖然在遊戲畫面一開始時就已經知道了，不過這種直接了當的劇情結局必須建立在特殊性主題的基礎。請注意喔！巴冷不只是單純的愛情故事，而是前所未聞的人蛇相戀。有這種有趣的主題引導，玩家們才會一直想要瞭解巴冷與阿達里歐之間難分難捨、生

死與共的愛情故事,因此可以創造出遊戲的延續性,並且玩家會有繼續
想看完遊戲故事劇情的決心。

柳暗花明式劇情

設計者並不能夠事先知道玩家會如何想像一款遊戲的劇情發展,只
能夠以自己的角度來儘量編寫遊戲劇情,而故事發展的精彩度就必須取
決於玩家們的想像力了。柳暗花明式劇情就是利用情節轉移技巧來將遊
戲的故事劇情轉向,目的是要讓玩家冷不防地朝著另外一個全新的方向
來進行遊戲。如同「太空戰士10」的故事,男主角與女主角在第一次相
遇的時候,雖然他們倆個人對彼此都好感,但是基於族群的使命安排之
下,兩個人只能默默地對彼此示愛。故事一開始主角會一直環繞在女主
角召喚師身份的劇情變化,這讓玩家們感覺到主角是為了保護女主角而
參與故事中的所有任務。

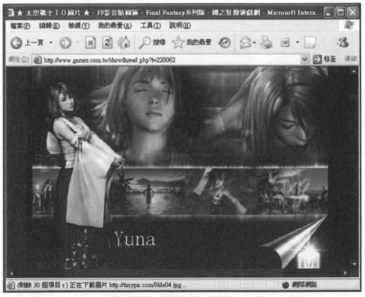

◎ 太空戰士 10 經典畫面

到了遊戲末期的時候，男主角的角色就漸漸地突顯出來了。一直發展到大召喚師向女主角示愛之後，男主角才發覺他對女主角有了一股昇華的情愛，而且為了阻止女主角與大召喚師結成連理，則與大召喚師進行一場決鬥，最後又發現大召喚師背後還有另外一種難以想像的陰謀。在「太空戰 10」的故事主題的安排之下，我們可以發覺它讓玩家有了很大的想像空間，雖然玩家都知道遊戲中的男女主角必定會結為連理，不過玩家還是喜歡那種峰迴路轉的驚奇感。

4-6 ▶ 遊戲覺受的加持心法

遊戲是一種表現藝術，也是種人類感受的綜合溫度計，適當的透過不同覺受的遊戲感，可以讓遊戲的效果更為生色不少。在早期雙人格鬥遊戲中，我們只可以看到兩個人直接的對打和簡單的背景畫面，在類似這種遊戲出現的時候，玩家還能被這一種陽春玩法給打動了，因為互毆遊戲帶給玩家純粹是一份打鬥刺激感。不過熱度卻保持不久，因為玩家開始厭倦了單調的畫面，這種遊戲不能表現出更真實感覺，因此對於這種遊戲的熱度很快下降。

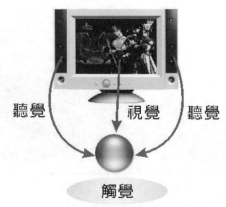

◎ 設計團隊可以利用不同覺受的作用來增加玩家遊戲感

以現在的格鬥遊戲來看，雖然在玩法和機制與過去沒有多大的不同，但卻在遊戲畫面上增強了聲光十足的特效，足以挑動玩家的熱情。如同在「鐵拳」的遊戲中，那些站在主角與電腦周圍的觀眾，雖然這些人對於主角是否可以取勝是完全搭不上關係，但是由於它們的襯托，玩家在玩它的時候，彷彿置身格鬥現場。

◎ 鐵拳提供獨特的 4 鈕操作系統與多元的攻擊組合

　　簡單的說，這種氣氛更能幫助玩家將感覺融入到遊戲中。右圖是本公司的英雄戰場遊戲，以流暢的即時 3D 技術，及五光十色的聲光特效畫面，運用全新的 3D 運鏡手法，除了保有單機故事模式與自由對戰模式外，更搭配時下流行的網路對戰模式。

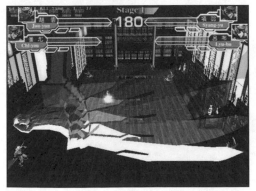

◎ 英雄戰場遊戲的精采戰鬥畫面

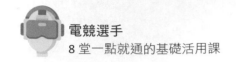
4-6-1　視覺加持

　　以電影的角度來說，就是一種以視覺感受來觸動人心的藝術，使其受到電影中的情節所影響。例如當您看恐怖片的時候，心裡就會有一種毛毛的感覺呢！或者在看溫馨感人的文藝片時，淚水就會在眼框中滾動！或者當您在看無厘頭的喜劇片時，心情可以在毫無壓力的情況下哈哈大笑！以醫學的角度來看，眼睛是靈魂之窗，我們大腦裡所接收到外界的訊息都是由眼睛來傳達，簡單的說，可以影響喜、怒、哀、樂最直接的方法就是利用視覺感受來傳達。

　　同樣道理，在遊戲裡直接影響我們最深的就是視覺的感受。一般而言，如果在遊戲中看到以暗沉色系為主的題材時，相信一定會被這一股莫名的壓力給壓制住，而遊戲所要表達的意境也就是這種陰深、恐怖的情景，如果在遊戲中看到以鮮豔色系為主的題材時，相信遊戲所要表達的意境也就是比較活潑、可愛的情景。

4-6-2　聽覺加持

　　除了眼睛之外，第二種影響玩家對外界的感觀是耳朵，耳朵是人類一種可以接收聲波的工具，所以當我們在接收到聲音時，大腦會去分析解釋它的定義，然後再通知身體的每一個部份，並且適時地做出反應。如果一個人將鞭炮聲定義成可怕的聲音，那麼當這個人去聽到鞭炮聲時，大腦一定會通知他的手去搗住耳朵，然後身體再縮成一團，並且等待鞭炮聲的遠離為止。

在遊戲表現上，也可以利用聲音來強化遊戲的品質與玩家感受。以現在遊戲品質的要求，聲音已經是不可或缺的角色。例如您在玩一種跳舞機時，只能看到螢幕上那些上下左右的箭頭在一直往上跑，卻不能聽到任何的音樂，實際上，您只能看著那些箭頭猛踩踏板，而不能跟著音樂的節奏而跳舞，那麼這種遊戲玩起來是不是就顯得無聊了許多！

◎ 又能娛樂兼健身的跳舞機

一款成功的遊戲，絕對會在音樂與音效上下很多的功夫，就如同您可能會因為某一些遊戲而去購買它的電玩音樂 CD，那表示您不只是喜歡遊戲，而且還喜歡它的音樂。一款品質好的遊戲，也會設計許多優質的音效，如在遊戲中陰暗的角落裡，可以聽見細細的滴水聲，在寬廣的洞穴中，也可以聽到揚長的迴盪聲，這些都是設計者以十分出色的技巧，在遊戲中塑造出一種充滿生命力的新氣息。

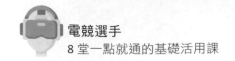
4-6-3　觸覺加持

什麼是遊戲中的觸覺？其實它不只是一般所認定身體上的感受，而是一種綜合視覺與聽覺之後的感受。那什麼是視覺與聽覺的綜合感受呢？答案很簡單，就是一種認知感，當我們從眼睛與耳朵上接收到訊息的感受後，大腦就會開始運作，以自己所瞭解到的知識與理論來評論遊戲所帶來的觸覺，而這種感覺就是一股對於遊戲的認知感。相信所有的玩家都聽過手感這個詞，手感的好壞對於玩家都會有一定影響，例如第一視點射擊遊戲（FPS），就很需要讓玩家感受到槍械武器射擊後的真實反饋，如發出的聲響、跳動與後坐力等，這些就是設計時必須考量的手感觸覺效果。

◉ FPS 射擊遊戲需要更好的手感營造

以玩家們對於遊戲的認知感來看，一款遊戲如果不能表現出華麗的畫面、豐富的劇情，或者是力與美的表現，這都會讓玩家對遊戲開始感到厭惡，就如同一款賽車遊戲來說，如果遊戲不能表現出賽車的速度感，以及物理的真實感（撞車、翻車），縱然遊戲畫面再怎麼華麗、音樂音效再怎麼好聽，玩家們還是不能從遊戲中感受到賽車遊戲所帶來的快感與刺激，那麼這一款遊戲很快的便會無疾而終了。

1. 請簡述遊戲計時器的功用。

2. 請問音效在遊戲中的功用為何？

3. 何謂「第一人稱視角」和「第三人稱視角」的不同？試說明之。

4. 何謂遊戲風格？試說明之。

5. 如果從遊戲的不可預測性來看，可以將遊戲區分成哪兩種類型？

6. 何謂死路？試說明之。

7. 什麼是遊戲中的觸覺感受？

MEMO

5 你絕對不能錯過的電競人生

　　隨著遊戲對經濟和社會的影響力不斷增強，全球掀起一股電競（e-Sports）新浪潮，電競產業衝擊了傳統教育及未來就業的發展，電競已經在許多先進國家被認定的「新興運動」，成為現代體育文化體系中重要的一環。當大眾看待「電競」的眼光，已不再僅僅是一群吃飽沒事的小屁孩打怪，而是選手們透過像棒球、籃球般的集體運動競技時，年輕人只要靠打電玩就能賺到大把鈔票，更重要的是電競所能夠帶動的硬體、周邊設備及遊戲產業的潛在商機，許多非核心產業也透過與電競比賽合作而直接或間接地獲益，如觀光、餐飲、休閒、媒體等產業等。

◎ 韓國電競之光李相赫拿到英雄聯盟的選手獎金 117 萬美金
參考網址：https://kknews.cc/zh-tw/game/a3xnygx.html

　　根據知名電競市調機構 Newzoo 統計，2019 年全球看電競賽事的觀眾人數將達 4 億人以上，整體市場潛力即將邁入爆發性成長階段。電子競技的熱潮快速發展的主因是連線遊戲的崛起，能夠玩家們一起合作玩遊戲所產生共同對戰的氛圍，特別是近幾年 MOBA 遊戲更讓年輕人趨之若鶩，電競才開始走入鎂光燈中引起眾人大量關注。世界各地不斷有新電競隊伍的創立，近年來更有不少知名藝人投資電競戰隊，周杰倫也

成立「J戰隊」宣布進軍電競市場，就連全球知名遊戲開發商暴雪娛樂
（Blizzard Entertainment）也選在台灣設立全球第一間官方正式的電競館。

◎ 周杰倫成立 J 電競戰隊

參考網址：https://n.yam.com/Article/20160419663803

5-1 ▶ 我愛電競初體驗

　　所謂電競運動，就是利用電子設備（電腦、手機、遊戲主機、街
機）作為運動器械進行的比賽模式，就是電子遊戲比賽打到「競技」層
面的活動，性質和傳統球類賽相似，選手和隊伍的操作都是透過電子系
統人機互動介面來實現，操作上強調人與人之間的智力與反應對抗運
動，也就是只要玩家能連線對戰與分出勝負結果，或者透過網路直接連
線的手機遊戲，都可以算是一種電競比賽，範圍與電競遊戲種類越來越
廣。

5-1-1 電競演進的異想世界

　　由於電子競技與遊戲的發展幾乎可以説是密不可分，也因此對於電子競技的演進過程也眾説紛紜。如果要説電競史上最早的比賽形式應該算是 1972 年在史丹佛大學進行的經典遊戲《太空戰爭》校內比賽，這款遊戲的目標是讓兩艘太空船在一個黑白太空畫面中對戰，也產生了有史以來第一場初具電競比賽樣貌的冠軍。

◎ 太空戰爭的古早味電競遊戲

　　90 年代後期隨著電腦普及以及網際網路的出現，線上遊戲開始受到玩家的高度關注，特別是第一人稱射擊遊戲（FPS）吸引了廣大玩家的青睞，例如《雷神之錘》遊戲憑藉著擁有極快的節奏，當時就是以電競先驅者的身份風靡全球。西元 1997 年電子競技職業聯盟（Cyberathlete Professional League，CPL）正式成立，開始推動電競成為一種正式比賽，並報導與舉辦電子競技職業比賽。

◎ 雷神之槍冠軍的精彩畫面

　　這個階段無疑大多數的電競遊戲類型大都專注於射擊遊戲，直到即時策略遊戲（RTS）的興起，也就是到了 1990 年代末期即時戰略遊戲（RTS）《星海爭霸：怒火燎原》的發行又帶來一股新的風潮，因為遊戲增加了豐富與多元性，西元 2000 年起可說是電競逐漸發光發熱的時期，世界電玩大賽（World Cyber Games,WCG） 創立於 2000 年韓國，並於 2001 年舉辦首屆盛會，吸引了不同國家的優異遊戲好手一同參與，並且全世界的玩家齊聚一堂共享這一競技平台。

◎ 世界電玩大賽（WCG）有遊戲界奧運比賽之稱

隨後在 2002 年美國職業電競聯盟（Major League Gaming, MLG）的創立更成為現在最成功的電競聯盟，也是北美地區成立最早也是最有名的電子競技聯盟之一，就是一個電競史上的新里程碑，不但海納各種類型的遊戲，並開始提供高額獎金舉辦比賽。

◎ MLG 是美國規模最大的電競聯賽

至於談到電競這個概念在亞洲地區快速崛起，真正起源地就是 90 年代的韓國，因此很多人提到電競時候，都一定會提到南韓，南韓對於喜愛電競的粉絲而言，絕對是一個不可忽視的國度。當時韓國正面臨金融風暴後的百廢待興，南韓政府便決定全力優先打造國家網路與遊戲環境，也帶動玩家們呼朋引伴到網咖聚會一起打電玩的風氣，形成相當特殊的網咖文化。

◎ 網咖文化帶動電競在南韓成為全民運動

自從 1997 年韓國首度舉辦 WCG 賽事以來，電競正式成為該國三大競技運動項目之一（足球、圍棋與電子競技）。2000 年時，南韓文化體育觀光部批准南韓電子競技協會（KeSPA）的成立。KeSPA 以「推動電競成為正式體育賽事」為主要目標，KeSPA 不但要管理電競戰隊和俱樂部，也要負責發掘和培育新人，這樣的努力讓韓國陸續推出相關電競聯賽，這也使得日後不管在星海爭霸系列或是許多當紅的電競項目來說，南韓選手都有著極強的競爭力。

◎ KeSPA 以推動電競成為正式體育賽事為主要目標

　　南韓的領先優勢不是來自天份，反而是在後天努力下足了功夫，由於電競賽事就像是一場精采可期的大秀，在觀眾人數的帶領下火熱成長，必須藉由出賽選手出色的表現和明星般風采，讓電競選手就像演運動球星一樣，受到粉絲崇拜和追捧，能吸引更多的玩家來注意的熱門比賽，西元 2000 年時更成立 OnGameNet（OGN），積極轉播各類電競賽事的精彩實況，這極大地推動了電競收視率和電競觀眾的快速增長。

◎ OnGameNet（OGN）電視台擁有韓國各類電競比賽的直播權

　　南韓最大企業三星電子更贊助 WCG 賽事，更是每年規模最大的電子競技盛會，全世界的玩家齊聚一堂共享這一競技平台。隨著電競全球市場的日益擴大，不僅是南韓，許多國家也願意張開雙臂擁抱電競，回過頭來看台灣，電競賽事一路演進，電競反而是逐年發酵，電競已經正式走進了我們的生活，2008 年台灣電子競技聯盟（TeSL）正式成立，由三立電視、遊戲橘子、戲谷等企業共同集資建立的聯盟，並宣布三支電競隊伍成立（華義 Spider、橘子熊、電競狼）。聯盟的成立是希望把電子競技運動普及於台灣，提升職業運動的層次，還要達到世界水準。

◎ 台灣電子競技聯盟

　　我國政府為因應電競運動的興起，立院 2017 年 11 月三讀通過「運動產業發展條例」部分條文修正案，電子競技產業、運動經紀業正式納入運動產業，文化部特別增設了「電競替代役」這項名額；不僅規定職業選手的薪資底限為三萬元，更要求各隊必須要設立隊經理與總教練進行專業管理，電競將與運動賽事同樣享有稅賦優惠。

　　我們知道老一代電競遊戲如星際、魔獸，都有比較高的操作難度，隨後如 DOTA、英雄聯盟，遊戲模式更加簡單，大家一起玩對戰人數增多，例如 LoL 是 5V5 對戰模式，這就決定了一局遊戲的人數。西元 2011年 Riot Games 在瑞典舉辦了第一屆《英雄聯盟》世界大賽、觀看人數最高峰時達 21 萬人，2015 年英雄聯盟舉辦總決賽時觀賞人次更是高達3600 萬人，觀看人數翻了 70 倍以上。

◎ 2015 年 英雄聯盟 世界大賽會場

　　時至今日、2018 年在雅加達舉辦之亞洲運動會已將電子競技列入「示範項目（Demonstration Sports）」，根據 ESPN 的報導，亞洲奧林匹克理事會（The olympic Counsil of Asia, OCA）也決定正式將電競比賽列為 2022 年，即將於中國杭州舉辦的亞運中，列為正式比賽項目。

5-2 ▶ 電競賽制簡介

　　一款遊戲之所以有機會能成為「電競遊戲」，除了具有多組或多人對戰機制外，包括對戰遊戲、難易度及刺激度都要有一定水準，當然最重要的原因莫過於必須配合該遊戲定期舉辦大規模的賽事，繼而將電競比賽作為發展核心進行相關產業延伸。任何有資格成為主流電競項目的遊戲，幾乎都會在全球各地不定期舉行電視現場直播賽事，藉以維持電競賽場的熱度。

電競賽事在賽制上主要還是參考主流體育運動去制定，通常依照主辦單位不同分成兩種：一種是由遊戲開發商自行舉辦的賽事；另外是由各國電子競技組織舉辦的賽事。賽制根據遊戲的不同、主辦方的不同其實都會有差異，一般比賽有聯賽（League）和錦標賽（Tournament）的區別。例如英雄聯盟中的 LPL、LCK 都屬於聯賽，而每年一度的 S 系列賽則屬於錦標賽。

> **TIPS** 英雄聯盟職業聯賽（LoL Pro League），簡稱「LPL」，是《英雄聯盟》中國大陸地區的頂級職業聯賽，每年進行春季賽和夏季賽兩次聯賽。英雄聯盟韓國冠軍聯賽（League of Legends Champions Korea，LCK）是則韓國《英雄聯盟》的頂級聯賽。英雄聯盟（LoL）S 系列就是英雄聯盟世界大賽（League of Legends World Championship Series），是指 LoL 每年還會舉辦全球總決賽，簡稱 S 系列賽，到 2019 年為止，S 賽已經舉辦了 8 年。

5-2-1　聯賽和錦標賽

電競賽事的項目就是依照電競遊戲比賽區分，如同一般體育比賽項目中的足球賽、網球賽、籃球賽等，就像常見的體育賽事一樣，雖然電競有著這麼多種類的比賽項目，但因為基礎設備要求差異不大，所有電競賽事方式多半大同小異，至於每場賽事的選手人數和規則也會根據電競遊戲項目的不同有所區別。

電競運動與傳統運動最大差異點，在於比賽項目的多樣性，一般來說聯賽（League）的賽程會比較長，會採取類似 NBA 或美國職業棒球大聯盟（MLB）的職業聯盟方式經營，往往能夠匯集來自全球各地的頂尖玩家較勁，而且在常規賽階段多半會使用「循環制」（Round-Robin Tournament），每個循環賽中，每支參賽的隊伍將與其他隊伍逐一進行一場對戰。

　　循環賽又分為「單循環」（Single Round-robin Competition）和「雙循環」（Double Round-robin Competition），循環制每兩名參賽者之間只比賽一場的稱為單循環賽，比賽兩場的稱為雙循環賽，也分別代表著所有參賽隊伍互相之間打一輪或兩輪比賽，最後結果再根據積分來進行排名。循環賽制中參賽者不會因偶然失誤而嚴重影響成績，常用於分組賽或聯賽中，可以有較多場次賽事提升經驗展現能力，更能體現參賽者的真正水平，不過隨著參賽隊伍越多，賽事時間就會拖得越久。

　　「錦標賽」（Tournament）由於場地、經費等限制，一般持續時間都不會長，目的在鼓勵參賽者參與為目的，通常會使用淘汰制（Elimination）。淘汰制是電競賽事中最普遍的進行方式，例如電競界老前輩星海爭霸賽事，一直在採用淘汰制。淘汰制又可以細分為「單敗淘汰制」（Single Elimination）和「雙敗淘汰制」（Double Elimination）。單敗淘汰制中，一旦出局就再也沒有翻身之日，可能某些強隊稍不注意就會輸掉比賽淘汰出局，最後的勝利者必須贏下每一輪比賽。

　　雙敗淘汰制一般區分勝者組與敗者組，獲勝者編入勝者組，失敗者編入敗者組，簡單來說就是一個隊伍輸掉兩輪比賽之後才會被正式淘汰出局，各組皆有一次落敗再復活的機會，勝者組的失利隊伍降入敗者組，在敗者組中失利的隊伍被淘汰，有相當多的大型比賽都選用了雙敗制度，例如暴雪旗下電競項目 DOTA2 的 TI 聯賽。

　　至於「冒泡賽制」（Bubble Race format）則是一種常見的電競賽制，是參考觀察水中氣泡變化構思而成，特別是在季後賽中常見的進行方式，通常會區分三個階段，淘汰賽、定位賽和半決賽。因為能最終在半決賽出場的隊伍，實力都自然是頂尖，後幾名的勝者將有進入半決賽的資格，方式是由排名或積分較低的隊伍逐一挑戰排名或積分較高的隊

伍，就好比一個一個冒出來的氣泡，得勝者再與排名較高者比賽，進而選出最後冠軍，這種方式可以解決單敗淘汰制中爆冷門的狀況。例如 2019 LMS 夏季季賽前四名的隊伍參與，就是採冒泡賽的方式進行。

5-3 ▶ 重要國際電競賽事

隨著觀眾攀升的速度已一發不可收拾，電競正悄悄改變著你我的娛樂習慣，電競市場每年都在逐步擴大，電競行業的不斷擴充和大型國際賽事獎金提升是最大的影響，電競賽事讓粉絲們有機會近距離觀看最強的選手，支持他們最喜歡的戰隊，共享他們對比賽的熱情。隨著觀眾和隊伍壯大，不少電競賽事都以高額的獎金激勵電競戰隊入場，以同時吸引著世界上眾多玩家和電競愛好者的目光。電競賽事發展已經有了許久一段時間，由於全世界的電競比賽實在太多元，放眼當前全世界的電競賽事，有以下五種較為著名的國際電競賽事。

5-3-1 英雄聯盟世界大賽

英雄聯盟（LoL）S 系列就是英雄聯盟世界大賽（League of Legends World Championship Series），目前全世界最受歡迎的電子競技項目仍是英雄聯盟韓國冠軍聯賽（League of Legends Champions Korea, LCK），英雄聯盟世界大賽是由《英雄聯盟》開發商 Rito Games 所舉辦，目的在於讓全世界的 LoL 職業頂尖好手，參與英雄聯盟世界大賽的隊伍，基本上都是長期參與比賽的職業電競戰隊，全球每個賽區都擁有 1 個入圍賽參賽資格，首先必須得在自己的地區賽事中脫穎而出，拿到進軍世界大賽的資格後，才得以和其他分區賽事中的冠軍進行對決，例如在《英雄聯盟》2019 年世界大賽期間，估計售出超過 50,000 張門票，Riot Games 宣布 2020 年世界大賽冠軍戰將於中國上海體育場舉行。

◎ 英雄聯盟世界大賽是全球最大的電競比賽

5-3-2　DOTA2 國際邀請賽

　　DOTA2 是一款由 Valve 公司所開發的免費 MOBA 遊戲，全球各地有數百萬玩家化身為上百位英雄進行攻防保衛戰，融入角色扮演遊戲中英雄的升級系統與物品系統，可以分成 2 個隊伍，中間以河流為界，在遊戲地圖上進行對抗。DOTA2 確實為一款發展不同凡響的遊戲，在 DOTA2 中所有英雄都是免費選擇的，通通都可以使用。遊戲特效畫面極其華麗，只要選好英雄之後展開 5 比 5 對戰，遊戲目標是摧毀對方要塞中的關鍵建築物 - 遺蹟。

　　DOTA2 國際邀請賽（The International, DOTA2 Championships,TI）也是由 Valve 舉行的電競國際邀請賽，雖然 Dota 2 在亞洲地區的風行程度不如《英雄聯盟》，但在歐美地區，已連續多年舉辦的盛會。 自從 2011 年 8 月 1 日

宣布舉辦第一屆 DOTA2 國際邀請賽，有來自世界的隊伍在各種地區聯盟舉辦中進行對抗，最為值得一提的是 TI 賽事的獎金是所有電子競技賽事中最高，由於 TI 賽事屬於邀請賽性質，但仍有開放高達 1,000 隊以上參與的公開資格賽，最後 16 支隊伍會齊聚一堂進行線下總決賽來爭奪冠軍。

◎ DOTA2 總獎金額目前保持著電競史上獎金額最高的記錄

5-3-3　絕地求生全球邀請賽

　　絕地求生全球邀請賽（PUBG Global Invitational 2018 ,PGI 2018），於 2018 年 7 月 25 日至 29 日在德國柏林舉行，是韓國藍洞公司官方舉辦的第一屆全球範圍內的邀請賽，在賽事的設計上就不是採用傳統每場比賽 2 隊對戰的方式進行，每場賽事都允許最多 100 名玩家參與，而是每場都由 16~24 隊（每隊 4 人）一同參與，以各種數值評比積分進行排名，伴隨著絕地求生比賽的成熟和穩定發展，相信 PGI 的賽事在以後會得到很好的完善和發展。

◎ 2019《絕地求生》全球總決賽實況

5-3-4　王者榮耀世界大賽

◎ 王者榮耀可以說是手機版本的英雄聯盟

隨著智慧型手機的普及，行動 MOBA 的概念也早就被提出與關注，雖然 PC 遊戲的電競賽事仍是占多數，但在近幾年間，手遊電競比賽也開始出現，例如手游《王者榮耀》不知不覺的席捲了整個大陸。王者榮耀手游是一款由天美工作室群研發的多人線上 MOBA 電競手機遊戲，全球首款 5V5 英雄對戰遊戲，一回合 10 到 20 分鐘，操作上非常容易上手，精妙配合默契作戰，共有 6 種類型的英雄可供玩家選擇，王者榮耀職業聯賽（King Pro League,KPL）於 2016 年 9 月舉行第一屆聯賽，並分為春季及秋季聯賽兩個賽季，是王者榮耀官方最高規格的職業聯賽，2018 年王者榮耀正式推動國際化，2018 王者冠軍杯正式成為國際邀請賽，每個賽季分為 2 個部分：常規賽和總決賽。

◎ 2018 王者冠軍杯正式成為國際邀請賽

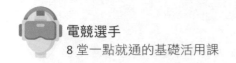
5-3-5 星海爭霸 II 世界盃聯賽

星海爭霸 II 世界盃聯賽（StarCraft II World Championship Series, WCS）是由遊戲商暴雪娛樂所舉辦的「世界盃聯賽」（WCS），也成為了整個暴雪嘉年華中最重要的活動之一。雖然本質為職業賽事，但因為「WCS 全球巡迴賽」的存在，所以玩家只要願意長期投入爭取積分，亦可視為一種無限制身分的公開賽，而韓國以外的其他地區，暴雪則是另行舉辦「WCS 全球巡迴賽」讓玩家爭取積分，並於全球總決賽開打前結算，決定獲得晉級資格的選手。

5-4 揭開電競戰隊的神秘面紗

隨著電競熱潮在全球各地風靡，電競就像是一般熱門球賽，已接連被亞運、奧運納入正式比賽項目，世界級的電競比賽甚至可以吸引成千上萬的觀眾，不過選手們比的不是球技，而是某一款電玩遊戲，基本性質和大聯盟或 NBA 球隊類似，都必須藉由運動員出色的表現和精彩賽事的舉辦來吸引更多的玩家來關注這個產業。

許多娛樂大明星都是電競遊戲的忠實粉絲

參考網址：https://kknews.cc/game/qq26mxr.html

　　由於電競正一步步走向主流運動，電競賽事不僅是比賽，背後還是很大的產業，對人才的需求也日益增長，電競戰隊更成為時下許多年輕人夢寐以求的工作，然而並不是每個人都可以成為選手。隨著各類職業賽事的開展，近年來越來越多的頂尖玩家選擇成為職業電競戰隊的一員，電競戰隊從團隊籌組、訓練、參賽、協調各部門合作，一支完整的電競戰隊至少有必須選手、教練團、領隊與隊經理等後勤支援等基本成員。

5-4-1　電競選手

　　電競不只是遊戲，也是很棒的運動項目，電競選手是戰隊的最重要骨幹成員，不過絕對不是每天打打電動這麼簡單，也不會單純只有藝高人膽大的選手陣容，一支戰隊的組成有五位先發隊員，每天都必須面對實力相當的對手，還得配合磨練選手的戰力與團隊默契，才能打造出隊伍與電競觀眾的雙贏局面。

　　這時遊戲對一位認真敬業的電競選手而言，再也不能只是興趣愛好，而是一份必須要全心全意投入的工作。通常戰隊中每名選手只會分配「主攻」一種遊戲，選手訓練的唯一內容就是「不斷打機」，各隊選手的訓練內容也會因為專長而所不同，再從累積的經驗中，去找到跟自己相像與喜愛的遊戲英雄。

　　由於選手們在賽場上比賽需要全神貫注，任何一刻都不能鬆懈，電競隊講求團隊作戰，團隊間能否相處融洽、截長補短更是奪勝關鍵。還有要成為一名電競選手熱情非常重要，每天至少必須花超過 10 小時訓練，因為所有的練習都是為了比賽做準備，特別是要加強專注力跟反應力的訓練，特別要擁有非常「不服輸」的人格特質，因為選手們得耐得住寂寞一遍又一遍地練習，不但磨練選手的個人戰力，更要打造出隊伍與選手的雙贏局面。

ahq《CSGO》團隊 由左至右：FlykingJVE、dra1gen、Luke（教練）、cedrik、ChanZ、hRRR。（ahq提供）

◎ 電競選手擁有誘人的獎金與明星般的光環
參考網址：https://sports.ltn.com.tw/new

5-4-2 教練團

　　對於電競戰隊組成來說，除了選手之外最重要的人當屬教練團，教練人數通常不會只有一人，教練是一個受到高度重視的角色，不僅要教育選手精進遊戲技術，還得關注國內外各大電競比賽的訊息，職業戰隊訓練方向必須與目的遊戲互相配合，隊伍的表現是提升還是滑落，多數取決於手握戰術與訓練方式的教練。教練們還必須要比選手更了解選手，為了發揮其選手的最佳實力和戰鬥力，教練必須讓選手把遊戲基本功課先作好，整個團隊也要不斷調整作戰策略，找出隊員的優勢和缺陷，並為他們制定改進和提升方向。

◎ 許多教練是由優秀的電競選手退休後轉任

參考網址：https://tw.appledaily.com/headline/daily/20180411/37984064/

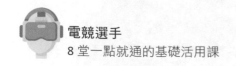
5-4-3 隊經理與領隊

電競圈不同於其他傳統職業，很難套用其他職業的經驗，對於小型戰隊來講，不論是領隊與隊經理，兩者之間的角色也十分類似，但在不同的戰隊中工作也可能不盡相同，領隊更多的時候還要配合隊經理和教練完成其他方面的工作，日常工作上，要與選手近距離接觸，並在適當時候給予幫助，例如每天的接隊訓練與後勤補給工作幾乎都由領隊來完成。

◎ 領隊與隊經理就像戰隊中的大家長與總管大人

參考網址：https://kknews.cc/news/95v8o9j.html

事實上，電子競技不止是個遊戲更加是一個創新職業，戰隊的規模往往跟財源有關，有些隊經理與領隊則是扮演類似角色，屬於是真正跟選手一起生活的人。整個團隊的日常活動和未來規劃都是隊經理的責任所在，從戰隊形象塑造、團隊訓練到行銷，包括人員管理、紀律要求、出差住宿、簽訂合約、參加聯盟會議等問題，也擔任起公司與戰隊間的溝通橋樑，讓公司能夠瞭解戰隊的運作以及核心價值，平常時間也要積極和其他戰隊溝通或幫戰隊尋找適合的贊助商，讓戰隊有更充分的資金運用。

1. 請簡單說明電競運動。

2. 南韓電子競技協會（KeSPA）的功用為何？

3. 請簡述 DOTA2 遊戲。

4. 何謂冒泡賽制（（Bubble Race format）與其優點？

5. 請簡介英雄聯盟世界大賽。

6. 電競賽事有哪兩種？

7. 一支完整的的電競戰隊至少有哪些成員？

MEMO

6 地表最強遊戲設計團隊組成錦囊

▶ 建立遊戲團隊與成本管控

▶ 遊戲測試的秘訣

　　早年市面上所發行的遊戲，由於開發規模並不龐大，不但無法支援動聽的音效，圖形也極為簡單，因此只需一、兩個人就可以完成一款簡單的遊戲開發。遊戲設計團隊可以由一個人來扮演起這五大類的任務角色，儘管是在企劃遊戲、程式設計、美工設定、音樂創作，甚至於連測試的工作都只有單一個人來完成。

◎ 遊戲團隊的溝通與合作能力是成功的關鍵

　　隨著時代的進步，硬體效能有顯著的提升，一款足以在遊戲市場上生存的遊戲產品，通常是眾多人齊心合力的結果，絕對不可能獨自一人就可以完成，需要結合美術、音樂、企劃、程式專業人才，正因為結合眾多不同知識領域的專案，如果規劃不當或合作默契不夠，有可能會牽一髮而動全身，使得開發時程大幅延宕，只有成功的整合團隊，才能開發出理想中的遊戲。

6-1 ▶ 建立遊戲團隊與成本管控

　　在準備開發一款遊戲之前，團隊成員除了需要瞭解到目前遊戲市場走向、玩家客群、未來前景等因素外，而團隊人力資源分配與各項成本管控才是最重要的關鍵。通常一個遊戲案子設計考量的原因有若干因素，包括市場考量、成本考量、技術層面考量、公司系列作品的續作壓力以及策略性產品等。

那麼在一套聲光特效俱佳的遊戲背後，到底是如何開始跨出設計的第一步呢？通常一個遊戲案子設計考量的原因有若干因素，包括市場考量、產品考量、財務考量、技術層面考量、公司系列作品的續作壓力以及策略性產品等。如下圖所示：

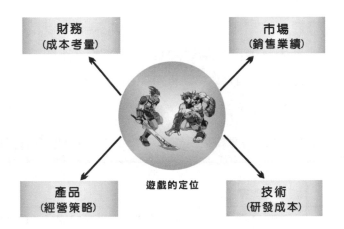

其中以遊戲開發成本最為關鍵，要考量的層面相當多，請看以下五點分析：

- **軟體成本**：舉凡遊戲引擎、開發工具、材質與特殊音效資料，有時對於某些開發工具甚至於可以選擇租賃的方式來節省成本。

- **硬體成本**：電腦設備、相關週邊設備，包含一些特殊的 3D 科技產品。

- **人事成本**：這部份是最耗費成本，往往開發時程的延後，就會大幅增加。包括企劃團隊、程式團隊、美術團隊、測試團隊、音效團隊、行銷廣告等人員的薪資，以及外包工作的薪資給付。事實上，一般音樂與音效的製作多是採用外包的方式，甚至於目前美術部份也多半由外包人員負責。

- **行銷成本**：遊戲廣告（電視、雜誌、社群、網路）、遊戲宣傳活動、相關贈品製作。

- **總務成本**：辦公用品、出差費、雜誌或其它技術參考資料的購買。

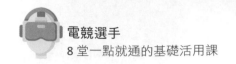
6-1-1 遊戲總監

開發一款遊戲通常是團隊合作的最終呈現結果,並由遊戲總監(或者稱為遊戲製作人)帶領遊戲企劃、程式設計、美術設計等工作人員,掌控遊戲所有製作流程與相關設計人員。他的主要任務就是在於控管所有的團隊人力資源、建構遊戲開發流程的基本架構,以及統籌遊戲中的所有細節重點,目的是讓開發團隊的每一個成員,都能明白地了解要製作之遊戲的概念與精神,並能產生興趣與熱誠。我們建議遊戲總監在遊戲開發期間,可以依照以下的步驟來進行:

遊戲製作過程	概　述
遊戲企劃撰寫	題材選擇與故事介紹、遊戲方式敘述、主要玩家族群分析、開發預算、開發時程
團隊溝通	遊戲概念溝通、美術設定風格、遊戲工具開發、遊戲程式架構、相關外掛程式
遊戲開發	美工製作、程式撰寫、音樂音效製作、編輯器製作
成果整合	美術與風格整合、程式整合、音樂音效整合
遊戲測試	程式正確性、遊戲邏輯正確性、安裝程式正確性

遊戲製作過程 ➡

遊戲企劃撰寫
題材選擇與故事介紹、遊戲方式敘述、主要玩家族群分析、開發預算、開發時程

➡ **團隊溝通**
遊戲概念交流、美術設定風格、遊戲工具開發、遊戲程式架構

➡ **遊戲開發**
美工製作、程式撰、音樂音效製作、編輯器製作

⬇

遊戲測試
程式正確性、遊戲邏輯正確性、安裝程式正確性

⬅ **成果整合**
美術整合、程式整合、音樂音效整合

從實務面來講，遊戲總監就是整個遊戲的真正領導者，他對市場與遊戲性的敏感程度，必須相當權威與專業，雖然他可能不必直接參與許多工作細節，但是必須要清楚知道自己想要製作的遊戲輪廓，並且在融合團隊成員意見時，也不忘主導遊戲的製作方向，有時候他也必須要扮演起開發團隊部門之間『和事佬』、或者是『決斷者』的身份，如此才不至於使遊戲開發團隊變成多頭馬車。

◎ 遊戲總監是遊戲團隊中最核心的人物

遊戲總監的角色是由公司中一個可以統籌整體遊戲規劃的人員來扮演，在遊戲開發的初期，就必須建立跨部門的專案委員會，並由委員會來進行遊戲的提案、簡報與雛型的製作，並且能夠善用公司各種人力資源，各部門的員工只要依照委員會所產出的企劃案加以開發，這個委員會的負責時間包括遊戲提案到正式上線為止。

一般來說，遊戲總監會先將一個開發團隊的人物角色分配到「最恰當」的狀況，不過基於成本考量與人力資源不足，也有可能會將一個人扮演起很多任務的角色、或由某一些人來扮演跨越任務的角色。實際上，如果沒有很嚴格地規範時，上述這些情形還是可以被接受的，但是在這種情況下，就必須要有某些角色扛起其它沉重的工作。儘管人力資源的不足或是成本不能負荷的情況下，還是可以將這個遊戲開發團隊的任務分成五大類，分述如右：

任務分類	主要角色
管理與設計	系統分析 軟體規劃 企劃管理 遊戲設定
程式設計	程式統籌 程式設計
美術設計	美術統籌 美術設計
音樂創作	音樂作曲家 音效處理員
測試與支援	遊戲測試 支援技術

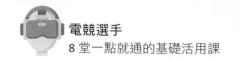
其人力資源最佳化分配與任務規劃的指派,可以將這五大類的分類架構繪製成如右圖所示的金字塔形狀:

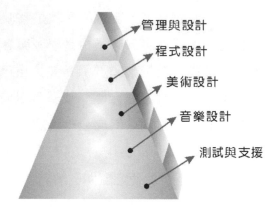

管理與設計
程式設計
美術設計
音樂設計
測試與支援

6-1-2 企劃人員

遊戲企劃是一個極需創意的工作,由於遊戲玩家多為年紀較輕的族群,所以遊戲企劃通常年紀也較年輕,能夠了解年輕玩家的口味。想要成為好的遊戲企劃人員,最重要的條件就是愛玩遊戲。不但能夠創新遊戲玩法與撰寫遊戲提案,最好玩過夠多的遊戲,又擁有很棒的表達能力強,最具備有廣泛收集資訊的與在市場上競品分析的能力。遊戲企劃人員對於遊戲的開發,必須由考量下列五種條件著手:

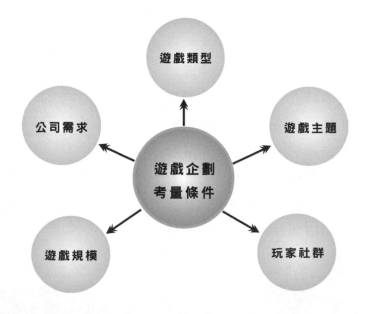

坦白說，要設計出一款好的遊戲，首要之務當然就是要找到優秀的企劃人員，因為一款遊戲決定要進入開發階段時，第一個工作就是由企劃開始。企劃人員可說是整個遊戲開發的靈魂人物，主要的工作是企畫書的提出和遊戲製作過程的規劃，當公司提出製作新遊戲的類型後，遊戲企劃就開始構思遊戲內容、劇情、系統設定，工作包括遊戲專案與文件管理、遊戲情報收集、設定管理、遊戲介面、玩法到對話設定等，企劃人員必須將其編制出一套企劃書供其他參與人員。

企劃人事先必須員將遊戲中可能所需的場景元件，以企劃書方式知會並指導程式設計師與美工人員將所繪製出來的圖形元件，設計出一個可供企劃人員用來編輯遊戲場景的應用程式。企劃會依照公司所決定的遊戲類型或是產品方向開始進行遊戲的細節與規劃，同時又必須擔任後勤支援的角色及定義遊戲中人物造型的各種數值（例如：角色的力量、智慧、體力、攻擊率、魔法等），工作範圍緊扣著專案流程的進行。

例如巴冷公主的遊戲企劃人員便在研究原住民文化、服飾、音樂、武器、飲食等主題上花了許多功夫。各位可以看到下圖主角身上道地的魯凱族服飾，都是本公司企劃人員費了九牛二虎之力才取得的樣本：

組織如果愈大，企劃分工就愈細，大約是這樣的架構，規模大一點的公司還設立有企劃總監一職，企劃人員在遊戲研發過程中，過程中可能會遇到許多瓶頸或挫折，所以勇於接受挑戰也十分重要。除了要與開發遊戲小組其它成員不斷溝通，又必須擔任企劃的角色，特別將企劃人員的工作歸類為下列幾點：

◎ 企劃必須整天埋首在收集與整理資料

- **遊戲規劃**：遊戲製作前的資料收集與環境規劃。

- **架構設計**：設計遊戲的主要架構、系統與主題設計。

- **流程控制**：繪製遊戲流程與進度規劃。

- **腳本製作**：編寫故事腳本。

- **人物設定**：設定人物屬性及特性。

- **劇情導入**：故事劇情導入引擎中。

- **場景分配**：場景規劃與分配。

6-1-3　程式人員

程式可以形容是一個隱性的遊戲品質決定因素，因為程式內容是沒有辦法獨立表現於外在的元件。也就是說，在企劃人員嘔心瀝血的企劃書中，還必須要利用程式來加以組合成形。

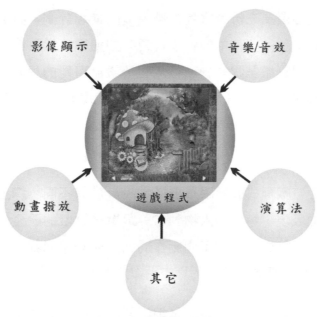

◎ 程式設計涉及的範圍

　　一般來說，在遊戲開發團隊成員中，工作壓力與心理問題最大的就是程式設計師，也是最會抱怨與煩躁的一種角色。不過他們也肩負著遊戲中最核心的技術，不只是撰寫程式而已，了解遊戲執行的平台，確認每一項功能都可以在執行平台上做得到。通常在企劃人員想要將遊戲求得盡善盡美的境界時，程式設計師就必須要花上大把的時間試圖來實現企劃人員的構思。

　　如果程式設計師一旦迷失方向的話，他極有可能會將整個遊戲開發團隊推向一個無底深淵當中，這是非常可怕的結果。更何況有些程式設計師總會因為太過於專精技術研發，因而沒有考慮到整體的人際關係與成本進度，最後可能會導致遊戲開發團隊的士氣低落與人心渙散。

程式人員必須要充份瞭解到企劃人員的構想計劃，討論程式的可行度，以及確定遊戲所要使用的各種資源（如變數、常數與類別等）等等細部問題，再規劃遊戲程式的執行流程，設計可能的程式架構、流程、物件庫與函式庫，如果是伺服端，還要負責規劃地圖、訊息解讀與驗證、環境互動資訊的處理等，甚至於單元測試、案例測試大概都是由程式這邊兼任。

例如線上遊戲程式設計跟單機遊戲設計就有不同，線上遊戲的客戶端設計如畫面表現、特效、人物動作等跟單機遊戲的開發十分類似，但在伺服端的設計就必須考慮不同動作間的封包驗證過程，在通訊的安全與穩定方面來說，要進行更多的檢查點與測試案例。

其實程式設計師的任務性質是相當單純，他們只要由決策者與設計人員所規劃出來的企劃書來開發應用程式就可以了，而其它瑣碎的事情應該是要由管理者或決策者來處理或解決。因此遊戲掌舵者必須在程式設計群中，也要推舉一個可以管理眾人的『總監』角色。

以程式設計師來說，總監這個角色佔有極為重要的地位，正因為程式設計師團隊是一個非常難以管理的族群，所以掌舵者根本沒有辦法再去管理這些個別的程式設計師，這時就要從這些人當中推選一個可以幫他管理程式設計師團隊的人。且當其他人程式撰寫完畢之後，程式總監再將它們合而為一，達到企劃人員所要求的畫面或功能。程式人員所要做的工作，我們可以將它分類成下列幾點：

- **編寫遊戲功能**：撰寫企劃書上的各類遊戲功能，包括撰寫各類編輯器工具。

- **遊戲引擎製作**：製作遊戲核心，而核心程式足以應付遊戲中所發生的所有事件及圖形管理。

- **合併程式碼**：將分散撰寫的程式碼加以結合。

- **程式碼除錯**：在遊戲的製作後期，程式人員便可以開始處理一些不必要發生的錯誤程式碼。

這個總監的挑選是程式小組中技術最好的一個，而且他還必須要有將程式全面整合化的能力，簡單的說，程式總監的角色，對上要以管理者的決策為主、對下就必須要可以管理程式設計小組與整合程式的能力，如果程式總監本身技術能力強、又有主見，並且遊戲製作人本身不善管理，就容易由他來主導遊戲走向。

6-1-4 美術人員

美術在整個遊戲製作的過程中非常重要，美術幾乎從一開始就必須參與，遊戲所呈現出來的美術水準與畫面表現，絕對是作品能否吸引人的重要關鍵之一。對於玩家們來說，最為直接接觸他們的就是遊戲中的畫面，在玩家還未接觸到遊戲的時候，他們可能會先讓遊戲中的華麗畫面所深深吸引，並且吸引著玩家們會想要去玩這款遊戲。簡單的說，只要抓住玩家們的喜好與目光，那麼一款遊戲就可以很容易被玩家們所接受。以下是巴冷美術團隊所畫製作的屏東小鬼湖附近的精美圖片：

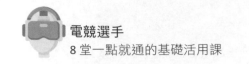
即使是同一款系列遊戲，設定的目標族群不同，呈現出來的美術風格也會有所差異。當企劃的文字的描述經由原畫的彩稿呈現後，接著就是由美術部門將原畫的各個角色製作成數位圖檔，並決定美術風格。由於美術工作量相當驚人，所以通常也是在遊戲公司中佔有最多成員的部門。

企劃人員對於角色與場景會有非常詳細的設定資料，例如個性、年齡等等，美術人員會依據這些資料設計出草圖後再進行修改。因此不管是承接原畫圖形、人物動畫製作、特效的製作與編輯、場景與建物的製作、介面的刻畫等，都是由美術部門來完成。舉凡一切跟遊戲中美的事務有關的工作都和美術設計有關。舉例來說，對於遊戲中的原畫設定項目包含以下三種：

- **人物設定**：成功的人物設定，勢必能為遊戲帶來更多玩家關注的目光，人物設定包含我方角色、怪物、NPC 等：

■ **場景設定**：場景設定方面也方成兩個主要的部分，一個是場景的規劃，另一項是建物或是自然景的設定：

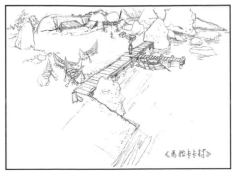

■ **物品設定**：物品設定包含遊戲中所用到的道具、武器、用品、房屋等：

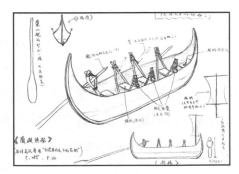

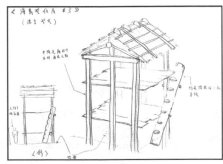

　　以一款大型線上角色扮演遊戲來説，美術部門負責的領域相當多元。從世界觀、原畫設定、2D 影像處理、地圖拼接製作、物件特效、動畫輸出等。美術人員就像是藝術家一樣，只要依照企劃人員所定出來的主題來繪製遊戲中的各種畫面與圖素。不過在這裡，值得一提的是一款遊戲畫面的完成不能只靠一位美術人員的力量就可以搞定的，所以從遊戲開發團隊的角度來看，美術人員的需求量就會相對地增加許多，而在這麼多美術人員的管理規劃前提之下，最好區分出一種與程式總監相等地位的「美術總監」，來總括一切美術部分的工作事項，如創意發想、設

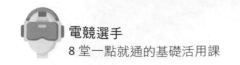
計統合、品質的控制、進度的協調等等。美術總監必須去統一遊戲整體的繪製風格,而且指揮相關人力配合輸出動作的片段。

6-1-5　音效人員

在一套遊戲中,少了音效輔助,它的娛樂性絕對就失色不少。尤其音效卡或是音效晶片已經變成了個人電腦的標準配備,因此音效已成為遊戲所包含的必要項目。當玩家們在砍殺一個敵人的時候,如果他們只能看到畫面中,遊戲人物一個砍人、另一個被砍,如此一來,遊戲的刺激性便會減少許多,但是如果再加上適當音效的話,那麼玩家們便可以感覺到那份聲光十足刺激感,亦如同玩槍戰遊戲時,少了槍聲那是不是就好像少了那一份槍林彈雨的臨場感了嗎?

舉一個例子來說,當玩家在玩一款以恐怖為主題的遊戲,如果沒有聽到一些可怕的聲音時,似乎就不怎麼刺激了,不過如果在遊戲中,特意地放上一些詭異的風吹聲、或是一些踏在腐朽的木板上所發出的嘎嘎聲,如此一來,無形中便增加了遊戲的恐怖臨場感,這叫玩家大呼過癮,而音效技術師便是這些聽了令人毛骨悚然音效的創造者。

基本上,遊戲中所使用的音效檔案是以 Wave 格式與 Midi 格式這兩種格式的檔案為主。Wave 格式的音效檔案在所占容量上會比較大,一般的音樂 CD 最多只能容納約 15 到 20 首的歌曲(以一首約 2 到 4 分鐘來計算)。如果遊戲中對於音效的品質要求極高,或是想讓遊戲中的音樂成為賣點之一(像是巴冷公主遊戲中的原住民吟唱),通常就會採用 Wave 格式的音效檔案,或是更進一步的提供音效片(通常就是一片音樂 CD 片),讓玩家可以在遊戲進行時置入播放,或是單獨使用於隨身聽或是音響之中。

至於 MIDI 檔的優點是資料的儲存空間比聲波檔小了很多，且樂曲修改容易。不過目前幾乎已經沒有遊戲直接使用 MIDI 檔來撥放音樂，這是因為難以使每台電腦達到一致的播放品質，而這也正是使用 MIDI 檔的缺點。例如太空戰士 7 在背景音樂上是使用播放 MIDI 檔的方式，而為了維持音樂播放的品質，玩家可以選擇安裝在遊戲片中附上的 YAMAHA 軟體音源器，不過由於軟體音源器需要不少系統資源（CPU 與記憶體），所以會影響到遊戲執行的速度與品質。

　　遊戲開發團隊中，工作性質算是最單純的就非音樂（效）人員莫屬了，他們只要做出遊戲中所需要用到的音效與相關背景音樂即可。有些規模較小的公司，音效則是委由外包製作。

　　在於遊戲的聲音部份，我們可以將其性質分成兩種，一種是遊戲中可以令人感動、甚至足以影響一個玩家情緒的音樂作曲家，另一種是創造出遊戲中各式各樣稀奇古怪聲音的音效技術師。音效人員還是必須要非常地瞭解遊戲故事的劇情發展，哪一段應該是悲傷情景，就不能這時候來段輕快的音樂，因為這會讓玩家們會認為文不對題，導致讓人反感的效果。

6-2 ▶ 遊戲測試的秘訣

　　測試與支援成員是一種不需要具有特殊專業的人員所構成的，不過往往足以一款遊戲上市後成敗的關鍵因素之一，主要工作的性質是在幫忙測試遊戲的優劣性與錯誤。在遊戲製作初期，企劃人員可以請程式設計師撰寫一個簡單的測試軟體來提供測試人員測試之用，這些人員在遊戲製作初期的時候，其人數是最少的。不過在遊戲製作完成的距離越

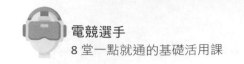
近，這些測試人員的人數也就會相對的越來越多，其目的是要讓遊戲撰寫人員瞭解到更詳細的錯誤訊息。此外，太早進行遊戲測試，對遊戲開發沒什麼幫助。

測試可區分成兩個階段，第一個階段是遊戲開發階段，測試重點在於特定的功能測試。第二階段的測試是在遊戲製作成內部測試（Alpha Testing）或是外部測試（Beta Testing）版的時候。內部測試一般是遊戲有了初步的規模時才執行。外部測試與遊戲性測試則為遊戲接近完成時才執行，也就是針對整個遊戲的所有功能測試，包含整個劇情是否流暢、有無卡關的狀況、數據是否正確，可以說是全方位性的測試。

事實上，不管在遊戲的開發階段，甚至是已經發行後，除錯管理絕對是一個必要的管理程序。在未發行前公司內部的封閉測試，或是公開測試到正式發行，錯誤的追蹤與管理都是必須持續進行的。在進行除錯的程序中，必須依照更新、測試、記錄、除錯四個步驟的循環。

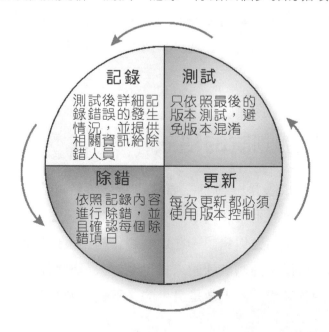

從更新階段開始，也可以說是一個版本的釋出，不管是 alpha、beta 到正式版本都必須進行版本管理，而測試就必須依照更新或釋出的版本進行，若不能依照統一釋出的版本測試，將無法做統一版本的除錯記錄，更無法依照這些記錄而進行測試。至於遊戲開發過程中測試的項目可以整體歸納如下：

6-2-1　遊戲介面與程式測試

　　遊戲介面的好壞，會直接關係著這個遊戲在玩家心中的評價。通常遊戲介面測試的優劣，會透過兩組不同的玩家來進行測試，一組是資深玩家，另一組則是外聘的新手玩家。透過觀察玩家操作過程與整合玩家操作後的意見調查，來評估介面設計的好壞以及需要改善的地方。遊戲程式測試比較繁瑣，往往需要重複進行不同的玩法，因為程式中的臭蟲往往不完全是技術上問題，也包含了邏輯問題。例如在程式完成人物行走的功能後，測試人員必須針對人物的行走進行相關測試，觀察與發現問題並回報至相關的部門。假設人物行走的動畫出現問題時，可由執行美術部門確認是否為編輯或是圖形問題，如果都不是，則有可能是程式方面所產生的問題，這時候再由程式部門來進行確認與修正。

6-2-2　硬體與作業平台測試

　　這個部份主要是為了確保遊戲程式可在不同硬體上正確執行，包括 CPU、顯示卡、音效卡、遊戲控制裝置等等的相容性。通常在程式開發時，應該要事先弄清楚各種硬體的共同規格，待程式完成後，再進行各種硬體測試。雖然目前透過使用 DirectX，已經解決了大部分惱人的硬體問題，然而偶而還是會遇到硬體驅動程式錯誤的情況，另外硬體等級也

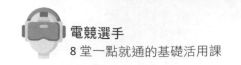
是影響玩家意願的重要原因之一。至於進行作業平台測試，主要是為了要測試不同作業系統版本的驅動程式以及系統函式，是否能讓遊戲正常的執行，這也必須考量目前玩家所使用作業系統的普及率。

6-2-3 遊戲性調整與安裝測試

遊戲性調整是依據不斷重複進行遊戲後的遊戲心得來進行調整，目的是使遊戲能擁有良好的平衡度與耐玩度。通常由專業的遊戲測試人員或是資深玩家來進行遊戲測試，可以快速地得到如關卡與魔法數值調整的建議。

遊戲安裝程式包裝是一項很重要的工作，目前大部分的程式都會透過安裝檔製作程式來製作安裝檔，例如 Install Shield、Setup Factory 軟體等。使用專業的安裝檔製作程式，可以省去自行處理安裝／移除資訊的登錄、檔案的包裝以及安裝介面的設計。

6-2-4 產品發行後測試

經過測試的檢驗與除錯後，接著就是發行前的準備工作，例如保護光碟的製作，為了確保原版軟體的銷售狀況，這部分的工作必須嚴格執行。此外，雖然在正式發行前已經通過一段時間的測試，但是很難確保在軟體中沒有疏失存在。而這部分的資訊就必須藉由公司網站與客服人員來取得，並經由測試部門測試，確認錯誤的發生原因與類型，提交負責的部門或人員來進行修正。在問題修正後，再經由測試部門針對回報的問題進行測試，確保要要修正的問題已經得到修正，最後再製作更新程式，並經由雜誌附贈的光碟或官方、非官方網站，提供玩家下載與執行來完成更新的動作。

1. 何謂遊戲設計的四大元素中企劃工作？

2. 請問遊戲的原畫設定項目包含以下三種？

3. 遊戲開發團隊的任務分成那五大類？

4. 遊戲開發期間，必須依照那些步驟來進行？

5. 遊戲開發要考慮的成本包括那些？

6. 遊戲的測試可以分為那兩個階段？

7. 遊戲開發過程中測試的項目可以歸納成那些？

MEMO

7 骨灰級玩家不藏私
電競硬體採購攻略

- ⊙ CPU 的主心骨角色
- ⊙ 主機板與機殼的選購貓膩
- ⊙ 顯示卡的嚴選眉角
- ⊙ 記憶體的補血藝術
- ⊙ 硬碟與固態式硬碟（SSD）
- ⊙ 電競周邊配件的參考指南

電腦硬體不斷發展，遊戲的製作技術也在不停進步，遊戲不只是打發時間的消遣娛樂，還代表著競賽以及與玩家間的社群互動，現代玩家們多半渴望添購專業級電競 PC 或是升級更高檔的電腦週邊，來滿足打電玩時的聲光娛樂需求。硬體是您遊戲裝備的引擎，一款好玩上手的遊戲是對整個電腦系統綜合效能的考驗，更何況遊戲對硬碟傳輸速度、記憶體容量、CPU 運算速度、回應能力、畫面更新率等等也有不同程度的要求。伴隨著電競行業的火爆態勢，相關硬體設備也逐漸受到重視，近年來因為直播遊戲實況、電競、競技與網路對戰型遊戲快速興起的緣故，充滿聲光刺激與極限挑戰，是許多資深玩家心中的最愛，因為沒有最先進的電競裝備，即使設計再好的遊戲也無法釋放出該有的潛能，有許多喜歡追求頂級配備的玩家，人生願望就是不論想方設法，也要組裝出宇宙級的神級電競主機。

◎ 過去昂貴的電競專用電腦，目前價格已經十分親民

如果玩家無須花費大筆金錢，到底該怎麼挑選配備真的是一門大學問，特別是想好好打場遊戲，電腦卻不給力，這時該如何是好？例如玩家們經常說玩遊戲最重要的 3 樣基本配備「CPU、顯示卡、記憶體」，雖

然說是:「一分錢一分貨」,如何挑選這些配備都並非絕對,但做為一個腦袋夠精明的玩家,就應該學會利用有限的預算,來達到最佳化的遊戲運行效能。

7-1 ▶ CPU 的主心骨角色

對於有經驗的玩家來說,組一台遊戲專用電腦就好像玩樂高玩具一樣,不同的組合,絕對會有意想不到的效果,其中 CPU 就扮演非常重要的關鍵,因為遊戲跑的順不順,程式 Run 的快不快,多半取決於 CPU,不同的遊戲在不同的 CPU 上會有不同的效果。通常單機遊戲要能順暢執行,絕大部分就是看 CPU 的效能,雖然 CPU 對於玩遊戲的影響沒顯示卡來得明顯,CPU 時脈高低對運算速度還是會有相當影響,只要 CPU 不夠強、核心不足以應付多工,遊戲馬上卡卡的情況就會很明顯。

「中央處理單元」(central processing unit, 簡稱 CPU)的微處理器是構成個人電腦運算的中心,它是電腦的大腦、訊息傳遞者、和主宰者,負責系統中所有的數值運算、邏輯判斷及解讀指令等核心工作。CPU 是一塊由數十或數百個 IC 所組成的電路基板,後來因積體電路的發展,讓處理器所有的處理元件得以濃縮在一片小小的晶片。在遊戲中,GPU 主要負責圖像處理工作。

◉ Core2 Duo 與 Core i7 CPU

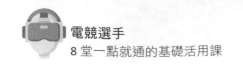
目前無論玩家選擇 Intel 還是 AMD 的 CPU，這場好壞論戰在 PC 遊戲界已經持續好幾年了，其實都是主頻為 3.3GHZ-3.69Ghz 範圍的 CPU 占比最多，4 核心 CPU 還是占據了目前高達 55% 以上的遊戲電腦，畢竟就算是同款遊戲，畫面要開 720p 跟開 1080p 也有不一樣的需求，例如 Intel 全新第 10 代 Intel Core 處理器，就能讓遊戲面以 1080p 畫質精采呈現，帶來近 2 倍的繪圖效能和頁框率（FPS）。

至於應該要選 Intel 或是 AMD？過去大家異口同聲的答案一定是 Intel，雖然 Intel 依然憑藉超過 80% 占有率秒殺 AMD，不過隨著近年來 AMD RYZEN 系列上市後急起直追，目前這兩個廠牌的處理器都算是無可挑剔，各位可以依照個人喜好和荷包來做選擇。

TIPS 頁框率（Frame Per Second,FPS）是影像播放速度的單位為，也就是每秒可播放的畫框（Frame）數，一個畫框中即包含一個靜態影像。例如電影的播放速度為 24FPS。

基本上，對於遊戲設備的考量，最好選擇最適合自己的選項，我們經常聽到有些口袋深的玩家只要推出新的 CPU，往往毫不考慮立馬換台主機，其實真的沒有必要非得買最新一代的 CPU 不可，大原則是不論是預算還是效能，最好都能保留一點空間。通常前一代的 CPU 不但價格便宜許多，而且效能一樣足以支撐各位盡情把玩未來幾年推出的任何新遊戲。以下是衡量 CPU 速度相關用語，說明如下：

速度計量單位	特 色 與 說 明
時脈週期	時脈頻率的倒數,例如 CPU 的工作時脈(內頻)為 500 MHz,則時脈週期為 1/(500×106)= 2× 10-9=5 ns(奈秒)。
內頻	就是中央處理器(CPU)內部的工作時脈,也就是 CPU 本身的執行速度。例如 Pentium 4-3.8G,則內頻為 3.8GHz。
外頻	CPU 讀取資料時在速度上需要外部周邊設備配合的資料傳輸速度,速度比 CPU 本身的運算慢很多,可以稱為匯流排(BUS)時脈、前置匯流排、外部時脈等。速率越高效能越好。
倍頻	就是內頻與外頻間的固定比例倍數。其中: CPU 執行頻率(內頻)= 外頻 * 倍頻係數 例如以 Pentium 4 1.4GHZ 計算,此 CPU 的外頻為 400MHZ,倍頻為 3.5,則工作時脈則為 400MHZ×3.5=1.4GHZ。

TIPS 所謂超頻,就是在價格不變的情況下,提高原來 CPU 的執行速度,不過並非每一顆 CPU 都有承受超頻的能耐。

7-2 ▶ 主機板與機殼的選購貓膩

電腦內的元件大多數是安裝在主機板,在決定好 CPU 之後,玩家接下來便是挑選主機板,主機板(Mainboard)就是一塊大型的印刷電路板,其材質大多由玻璃纖維,用以連接 CPU、記憶體與擴充槽等基本元件,又稱為「母板」(Motherboard)。

主機板的選擇百百種，其實主機板的重要性跟 CPU 是綁在一起，至於在挑選主機板的這一方面，廠牌可就不能馬虎了。目前市面上常見的主機板平台有 2 個，無疑還是 AMD & Intel，例如 AMD X570 和 Intel Z390 就是不錯的首選。

不同平台會影響 CPU 上的選擇，過去選購主機板的主要考量因素是使用者所搭配的 CPU 種類，是否符合你的主機板，特別是除了 CPU 的針腳外，還要注意主機板的大小能否放入電腦機殼內，最重要是記得確認主機板有無支援該 CPU，不然在組電腦的過程中發現配備彼此不相容，那你就頭大了。

有些媒體廣告特別喜歡主打的電競主機板，其實許多半是有點言過其實，往往是外觀多了些華麗的包裝與設計，這些對於真心想打電競的使用者幫助並不大。主機板的選擇百百種，通常好的主機板才能把 CPU 的性能發揮出來，同時也會有比較大的擴充空間，不過由於目前桌上型

電腦的內部架構劃分越趨精密，例如 CPU、晶片組或記憶體在搭配上都有一定的規則及限制。

晶片組（Chipset）是主機板的核心架構，通常是矽半導體物質構成，上面有許多積體電路，可負責與控制主機板上的所有元件。我們選購主機板時，除了「本身需求與價格」的基本因素外，包括記憶體規格、CPU 架構、傳輸介面與晶片組品牌都是考量因素。

由於主機板的功用是支撐所有電腦零件的主軸，一般會建議在選主機板時，選保固期較常與較穩定的主機板，不要選擇過於便宜而散熱不佳，日後減少維修次數與維修費用，也不要誤以為主機板價格愈昂貴、性能愈好，因為可能很多額外功能是幾乎不會用到，在國內廠牌上選擇「華碩 ASUS」和「技嘉 GIGABYTE」，不但價格實在，性能也相當值得筆者全力大推。

7-2-1 不能小看的機殼角色

各位無論是哪種形式的電腦，都具有形狀與大小不一的主機，一般來說大多數電競與遊戲玩家會選擇桌機，因為功能與擴充性都是比較容易掌握。主機可以說是一台電腦的運作與指揮中樞，機殼就是一部電腦的外觀重心。通常桌上型電腦的主機機殼早期可分為直立式與橫立式兩種，目前以直立式為主，主機的正面提供各種指示燈號與輔助記憶設備出入口。主機內部包含許多重要元件，例如主機板、CPU、記憶體與顯示卡等，外部以機殼（Case）作為保護，以避免內部元件及電路不會受到外力直接撞擊或沙塵污染。

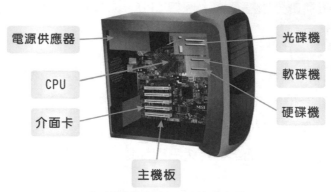

◎ 機殼內部主要元件示意圖

　　機殼必須考量散熱效果能確實降低電腦內部硬體的溫度，我們經常看到許多玩家會將大把鈔票投資在機殼內的配備上，卻往往忽略了機殼本身對於遊戲運行效能的重要性，例如遊戲開台往往會開好幾個小時的遊戲，高能耗會導致電腦內部溫度升高，這時對主機的散熱就會有所要求，建議購買兼具水冷和風冷構造的機殼，最好具備高效率氣流設計與加裝風扇，會有助於延長內部元件之壽命。當然想要能充分享受遊戲的美感，機殼外觀的設計風格也必須要時尚設計考慮。

7-3 ▷ 顯示卡的嚴選眉角

　　對於目前的最新 3D 遊戲大作，坦白說，為什麼常聽人說玩這些遊戲簡直就是在玩顯示卡，因為遊戲運行起來的頁框率高低主要取決於顯示卡，而且遊戲動畫都是由每一幀圖像構成。各位不要意外，近年來非常流行的虛擬比特幣挖礦，運算產出的主要工具竟然還是顯示卡。

◎ AGP 介面的顯示卡

　　「顯示卡」（Vedio Display Card）負責接收由記憶體送來的視訊資料再轉換成類比電子信號傳送到螢幕，以形成文字與影像顯示之介面卡，顯示卡的好壞當然直接影響遊戲的品質，不過一定要綜合不同的顯示卡跟遊戲才可以為這張顯示卡的效能下定論。

　　例如螢幕所能顯示的解析度與色彩數，是由顯示卡上的記憶體多寡來決定，顯示記憶體的主要功能在將顯示晶片處理的資料暫時儲存在顯示記憶體上，然後再將顯示資料傳送到顯示螢幕上，顯示卡解析度越高，螢幕上顯示的像素點就會越多，並且所需要的顯示記憶體也會跟著越多。

　　在很多情況下顯卡有問題的機率最大，如果預算足夠的話，建議選購最強大的高階顯示卡，可以一勞永逸玩上好幾年，例如對於特別喜歡玩高畫質遊戲的玩家，基本上我們都會建議買記憶體容量大點的顯示卡，當然購買中級的顯示卡，然後等新世代的顯示卡推出之後再升級，也是小資玩家的選擇之一。

　　顯示卡性能的優劣與否主要取決於所使用的顯示晶片，以及顯示卡上的記憶體容量，記憶體的功用是加快圖形與影像處理速度，通常高階顯示卡，往往會搭配容量較大的記憶體。處理後的顯示訊息透過匯流排傳輸到顯示卡的顯示晶片上，而顯示晶片再將這些資料運算處理後，經由顯示卡將資料傳送到顯示螢幕上。

以目前市場上的 3D 加速卡而言，最常聽見的兩大顯卡商「nVIDIA」、「AMD」，級。nVIDIA®（英偉達）公司所出產的晶片向來十分收到歡迎，後來在 AMD 收購 ATI 後，並取得 ATI 的晶片組技術，推出整合式晶片組，也將 ATI 晶片組產品正名為 AMD 產品。依據市場最新統計，nVIDIA 旗下的顯卡依然穩居遊戲顯卡冠軍的寶座，一般來說，ATI 的顯示卡擅長於 DirectX 遊戲，至於 nVIDIA 的顯示卡則擅長 OpenGL 遊戲，建議各位至少選擇「GTX1050Ti」或「GTX1060」等級以上的顯示卡。

TIPS 遊戲畫質的設定主要取決 RAMDAC，RAMDAC（Random Access Memory Digital-to-Analog Converter）就是「隨機存取記憶體數位類比轉換器」，它的解析度、顏色數與輸出頻率也是影響顯示卡效能最重要的因素。因為電腦是以數位的方式來進行運算，因此顯示卡的記憶體就會以數位方式來儲存顯示資料，而對於顯示卡來說，這一些 0 與 1 的數位資料便可以用來控制每一個像素的顏色值及亮度。

如果你自認為是一位遊戲重度玩家，筆者建議最好是使用 nVIDIA® 公司所出產的晶片。因為如果使用好一點的顯示卡，連遊戲角色的毛髮都可以根根見底地看到。無論如何，我們建議您先決定好自己的取向，如果預算足夠的話，直接購買最高階的顯示卡是一勞永逸的方法，可以讓各位隔好幾年才需要去傷腦筋升級的問題。

7-3-1 神仙顏值般的 GPU 秘密

對於一位真正講究的骨灰級玩家來說，所謂玩家最佳體驗的實證，當然是要隨時講求如神仙顏值般的遊戲畫面，也就是玩家顯示卡中攸關整體圖形資料運算的 GPU，就顯得分外重要，一顆好的 GPU 可以確保你在未來幾年都能夠舒心快活地跑 3D 級大作。GPU 可說是近年來電腦硬

體領域的最大變革，GPU 作為主機中與 CPU 同級晶片，其計算性能不容小覷，就是指以圖形處理單元（GPU）搭配 CPU 的微處理器，GPU 則含有數千個小型且更高效率的 CPU，不但能有效處理「平行處理（Parallel Processing），還可以達到高效能運算（ High Performance Computing；HPC）能力，藉以加速科學、分析、遊戲、消費和人工智慧應用。同於傳統的 CPU，傳統 CPU 內核數量較少專為通用計算而設計。

相反，GPU 具有數百或數千個內核，經過最佳化，可並列執行大量計算，大多數的遊戲能不能夠跑的順暢，都取決於 GPU 的效能，能讓各位盡情享受遊戲所帶來的樂趣。市場上大多數的遊戲，多半與 GPU 都有綁定的關係，GPU 價格高低差距極大，也會對您的預算產生重大影響。

7-4 ▶ 記憶體的補血藝術

一般玩家口中所稱的「主要記憶體」，是種相當籠統的稱呼，通常就是指 RAM（隨機存取記憶體），是用來暫時存放資料或程式，與 CPU 相輔相成。有好的 CPU，千萬不要忽略了記憶體，如果説顯示卡決定了你在玩遊戲時能夠獲得的視覺享受，那麼記憶體（RAM）的容量就決定了你的硬體是否夠格玩這款遊戲，現在大多數遊戲畫質提高且需求效能提升，因此需要容量較大的記憶體來維持遊戲運作。簡單來説，將 RAM 補血到最大，絕對是打造你完美電競設備的必勝環節。

對於大型 3D 遊戲情有獨鍾的玩家來説，增加記憶體是增強任何電競裝備效能最快且最經濟實惠的方式。因為這小小一片東西決定了你電腦運算的速度，當各位挑好了滿意的主機板和 CPU，千萬也別忘了準備足夠的記憶體存放資料，不論你是要拿來打遊戲或是電競比賽，建議選用至少 8G 以上的 RAM。

RAM 中的每個記憶體都有位址（Address），CPU 可以直接存取該位址記憶體上的資料，因此存取速度很快。RAM 可以隨時讀取或存入資料，不過所儲存的資料會隨著主機電源的關閉而消失。RAM 根據用途與價格，又可分為「動態記憶體」（DRAM）和「靜態記憶體」（SRAM）。DRAM 的速度較慢、元件密度高，但價格低廉可廣泛使用，不過需要週期性充電來保存資料。

二十一世紀以來，市場導入了 DDR SDRAM。DDR 技術透過在時脈的上升沿和下降沿傳送數據，速度比 SDRAM 提高一倍。例如 DDR3 的最低速率為每秒 800Mb，最大為 1,600Mb。當採用 64 位元匯流排頻寬時，DDR3 能達到每秒 6,400Mb 到 12,800Mb。特點是速度快、散熱佳、資料頻寬高及工作電壓低，並可以支援需要更高資料頻寬的四核心處理器。

◉ DDR 系列外觀圖

自從 Intel 宣布新系列的晶片支援第四代 DDR SDRAM -DDR4 後，DDR3 已無法滿足全球目前對效能與頻寬的需求，目前最新的記憶體規格 DDR4 所提供的電壓由 DDR3 的 1.5V 調降至 1.2V，傳輸速率更有可能上看 3200Mbps，採用 284pin，藉由提升記憶體存取的速度，讓效能及頻寬能力增加 50%，而且在更省電的同時也能夠增強信號的完整性。

各位在購買記憶體時要特別注意主機板上槽位，不同的 DDR 系列，插孔的位置也不同，筆電與桌電的記憶體大小不同，但同樣也有 DDR1、DDR2、DDR3、DDR4，耗電量則為 DDR1 最大，DDR4 最小，未來很快會出現的 DDR 5 的記憶體頻寬與密度為現今 DDR 4 的兩倍，提供更好的通道效率，如果各位是經常玩遊戲，建議至少弄個兩條 DDR4 8G，更多 GB 的 RAM ，幾乎等同於更或擁有更強馬力的圖像引擎。

7-5 ▶ 硬碟與固態式硬碟（SSD）

由於電腦的主記憶體的容量十分有限，因此必須利用輔助儲存記憶裝置來儲存大量的資料及程式，儲存裝置不光影響系統可儲存的檔案多寡，也影響到遊戲的效能，儲存裝置愈快，電腦運行速度愈快，遊戲打起來會真的很爽。

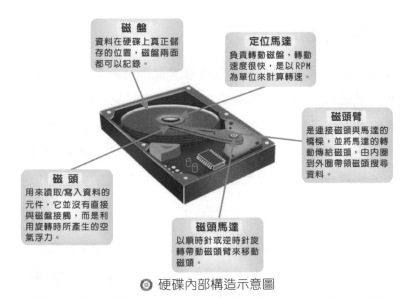

磁盤
資料在硬碟上真正儲存的位置，磁盤兩面都可以記錄。

定位馬達
負責轉動磁盤，轉動速度很快，是以 RPM 為單位來計算轉速。

磁頭臂
是連接磁頭與馬達的橋樑，並將馬達的轉動傳給磁頭，由內圈到外圈帶領磁頭搜尋資料。

磁頭
用來讀取/寫入資料的元件，它並沒有直接與磁盤接觸，而是利用旋轉時所產生的空氣浮力。

磁頭馬達
以順時針或逆時針旋轉帶動磁頭臂來移動磁頭。

◎ 硬碟內部構造示意圖

有些新手經常可能會搞混硬碟容量和記憶體的差別，硬碟（Hard Disk）就是目前電腦系統中最主要長期儲存資料的地方，包括一個或更多固定在中央軸心上的圓盤，像是一堆堅固的磁碟片。每一個圓盤上面都佈滿了磁性塗料，而且整個裝置被裝進密室內，對於各個磁碟片（或稱磁盤）上編號相同的單一的裝置。為了達到最理想的性能表現，讀寫磁頭必須極度地靠近磁碟表面，但實際由於硬碟算是消耗品，一般會建議使用者定期將資料備份到雲端，以免遇到硬碟磁區損壞。

當各位購買硬碟時，經常發現硬碟規格上經常標示著「5400RPM」、「7200RPM」等數字，這表示主軸馬達的轉動速度，磁碟旋轉的速度是整個磁碟性能的要素。轉動速度越高者，其存取效能相對越好。硬碟的性能與容量不光影響系統可儲存檔案多寡，還可以讓讀取和寫入的速度有所提升，直接影響到遊戲的效能，讓各位遊戲過程變得更順暢與速度感。

7-5-1　固態式硬碟（SSD）

隨著 SSD 容量因為 NAND 快閃技術演進而持續成長，電競主流儲存設備已從傳統硬碟（HDD）轉變成為固態硬碟（SSD），雖然傳統硬碟容量大與價格便宜，不過其體積大和會產生雜音與震動的缺點，各位最好能為主機裝一顆固態硬碟（SSD），因為在讀寫速度上遠高於 HDD，所以有些人會各別買一個 HDD 跟 SSD，可以大幅提升電腦與遊戲運行的效能率！

固態式硬碟（Solid State Disk,SSD）是一種新的永久性儲存技術，屬於全電子式的產品，可視為是目前快閃式記憶體的延伸產品，跟一般硬碟使用機械式馬達和碟盤的方式不同，完全沒有任何一個機械裝置，自然不會有機械式的往復動作所產生的熱量與噪音，重量可以壓到硬碟的幾十分之一，還能提供高達 90% 以上的能源效率，與傳統硬碟相較，具有低耗電、耐震、穩定性高、耐低溫等優點，還可以提供更快速的傳輸，在進入遊戲讀取時的速度和傳統硬碟有顯著的差異，所以在市場上的普及性和接受度日益增高。

7-6 電競周邊配件的參考指南

隨著電競遊戲的操作方式越來越複雜，周邊商品也是現在打電競時非常在意的一個環節，特別是一場電競比賽中一定會用到電腦與不少周邊配備。如果你是習慣愛玩射擊遊戲的玩家，鍵盤或滑鼠的選擇，就會嚴重影響你操作時的手感，好的鍵盤打起怪來有段落感，反餽力道特強。

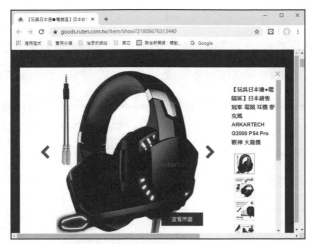

◉ 耳機也會決定電競場上聽覺的舒適感，尤其在射擊遊戲上更為重要

當然各位也會對耳機有所要求，在遊戲的使用上，耳機多半用於分辨位置，電競耳機必須具備多聲道的功能，因為清晰的音色表現與辨位的能力十分重要，畢竟能不能聽到敵軍的腳步聲也會是影響勝負的關鍵，特別對於一些音樂成分較強的角色扮演遊戲或冒險遊戲，好的耳機絕對會有更出色的表現，至於挑選電競耳機的訣竅其實還是在聆聽者個人的習慣與喜好，倒是不必拘泥於價格較高的耳罩式耳機，如果是電競 Pro 級的選手使用，還要特別強調抗噪功能，以避免外在嘈雜的聲音影響臨場表現。

對於錙銖必較的遊戲玩家來說，正所謂「一子錯滿盤皆落索」，在瞬息萬變、殺聲震天的遊戲戰場中，只要出現一個操作上的失誤，很容易就輸掉整場個戰，當然必須對遊戲周邊配件有一定的要求。如果各位對自己打怪的技術信心滿滿，配合這些順手的周邊配件，就像天將的神兵利器，絕對可以讓你在遊戲場上攻無不克。

7-6-1　螢幕

螢幕的主要功能是將電腦處理後的資訊顯示出來，因此又稱為「顯示器」。目前的螢幕主要是以「液晶顯示螢幕」（Liquid Crystal Display, LCD）為主，並沒有映像管，原理是在兩片平行的玻璃平面當中放置液態的「電晶體」，而在這兩片玻璃中間則有許多垂直和水平的細小電線，透過通電與不通電的動作，來顯示畫面，因此顯得格外輕薄短小，而且具備無輻射、低耗電量、全平面等特性。

◎ 電競螢幕螢幕越大，視覺效果通常越好

螢幕的選擇當然是遊戲視覺享受的最終成果，好的螢幕帶你快樂上天堂，不堪用的螢幕包管讓你一路蹲茅房，千萬不要重要硬體都準備好了，卻敗在螢幕這個點上。因此選購螢幕時，除了個人的預算考量外，包括可視角度（Viewing Angle）、亮度（Brightness）、解析度（Resolution）、對比（Contrast Ratio）、更新率等都必須列入考慮，螢幕的解析度最少要求要有 1920*1080P，螢幕刷新率沒什麼好講，就是越高越好，通常刷新率越快，畫面的顯像越穩定也越不會有閃爍，人物移動會更為順暢，最好能搭配 144Hz 以上的更新頻率。如果是從電競或遊戲的角度出發，基本上會分成護眼派跟電競派，最好別買太小尺寸，以免眼睛受傷。另外「壞點」的程度也必須留意，「壞點」會讓螢幕顯示的品質大受影響。

7-6-2　鍵盤

鍵盤則是史上第一個與電腦一起使用的周邊設備，它也是輸入文字及數字的主要輸入裝置，好的鍵盤讓你玩遊戲可以十分有感，怎樣挑到一款自己屬意又順手的鍵盤，絕對是一門學問，因為按下鍵盤的感覺，是最直接影響使用上體驗。依照鍵盤上的按鍵數量，大部分可分為 101 鍵，104 鍵和 87 鍵等多種類型。

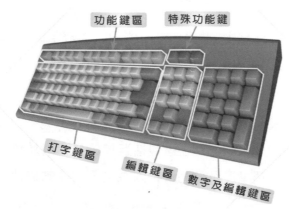

◎ 104 鍵盤功能說明圖

最常見的鍵盤模式有 104 個按鍵，包含主要英文字母鍵、數字符號鍵、功能鍵、方向鍵與特殊功能鍵。後來從標準鍵盤中也陸續延伸許多變形鍵盤，大部份設計那不都是為舒適或降低重覆性壓迫傷害，需要大量使用輸入的使用者總是擔心他們的手臂及手的疲勞及扭傷。目前鍵盤已發展出人體工學鍵盤，可以減低人類長期打字所帶來的傷害，並有無線鍵盤、光學鍵盤等等。由於每個人對按鍵的手感都有不同喜好，如果依照構造來區分，鍵盤大概有以下兩種，兩者最大差異在於觸發模式而導致的不同操作手感：

鍵盤種類	相 關 說 明
機械式鍵盤	傳統與早期的鍵盤，不過隨著電競風潮的流行，加上這類商品不但耐用，回饋感也較重，現在的電競鍵盤幾乎都是機械式居多。機械鍵盤按鍵設計往往比薄膜鍵盤高出許多，在長時間的使用下較不容易感到不舒服，按鍵之間各自獨立，互不影響。由於鍵盤的手感取決於鍵軸，依照手感有不同顏色的軸可以選擇，每個按鍵下方都有一觸動開關及彈簧，稱為機械軸，當其被觸動時，便對電腦傳送單一專屬訊號，並發出敲擊聲，通常青軸算是電競鍵盤最受大部分玩家喜愛的機械軸。
薄膜式鍵盤	又稱為「無聲鍵盤」，算是目前常用的鍵盤。主要構造由三層膜組成，以兩片膠膜取代傳統的微動開關，膠膜之間夾著許多線路，中間的絕緣層可以防止短路，靠著按鍵壓觸線上的接點來發送訊號，不管哪種型號款式打起來手感都差不多。這樣的構造除了「無聲」的特色外，還有「防水」功能，大部分低價的鍵盤都屬於薄膜鍵盤，如果需要在不同的工作場合頻繁使用電腦，薄膜式鍵盤最適合不過了。

電競鍵盤有許多不同款式，除了個人喜愛的外觀之外，手感、功能、造型、尺寸都可以算是挑選的依據。目前佔大宗的是機械式鍵盤，不但能以鍵盤按壓時的回饋感來做分別，還包括巨集等各種附加功能等，這些都會牽涉到玩遊戲時的精準度及便利性，因為按下鍵盤的毫秒之差，都可能影響著整個遊戲戰局。

◎ 搭配酷炫的 RGB 燈光已經是電競鍵盤的標準配置

在遊戲對戰時，由於戰鬥情節十分緊張刺激，玩家操作按鍵速度必須相當敏捷，可能在同時按壓多鍵時，會出現某個按鍵送不出去訊號的按鍵，也就是即是沒有發出訊號或沒按下的按鍵卻發出訊號，俗稱為「鬼鍵」，像這樣很容易就因為操作失誤而敗北，在遊戲過程中就會對玩家體驗產生影響。通常電競鍵盤會有「N-Key」或是防鬼鍵的設計，讓所有角色都能同步跟上玩家的腳步。

N-Key 鍵設計能夠讓玩家就算同時按下多個按鍵也能清楚辨識，例如玩家在使出連續必殺技時能夠順暢不卡鍵。對於一些較挑剔的玩家來說，觸發重量要落在 65~75 g 是打 FPS 遊戲時最舒適的範圍，鍵盤的連接方式也非常重要，不同接頭類型會影響到按鍵時的反應跟速度，例如傳統的 PS/2 連接埠，反應速度絕對優於現在普遍使用的 USB，特別適合玩 FPS 等即時戰鬥遊戲。

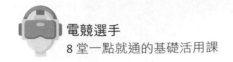
7-6-3　滑鼠

　　滑鼠是另一個主要的輸入工具，在大多數的遊戲，能否精準操作滑鼠成了影響勝負的關鍵之一，因為滑鼠在遊戲中的的移動與定位準度，常常會影響到戰局的走向，因此其靈敏度特別重要，直接影響了遊戲畫面、互動甚至是使用功能。相較於普通滑鼠，電競滑鼠偏重外型與性能的性價比，還擁有更高的可玩性。

◎ 造型新穎的光學式滑鼠

　　滑鼠的種類如果依照工作原理來區分，可分為「機械式」與「光學式」兩種。分述如下：

- **機械式滑鼠**：「機械式滑鼠」底部會有一顆圓球與控制垂直、水平移動的滾軸。靠著滑鼠移動帶動圓球滾動，由於圓球抵住兩個滾軸的關係，也同時捲動了滾軸，電腦便以滾軸滾動的狀況，精密計算出游標該移動多少距離。

- **光學式滑鼠**：光學式滑鼠則完全捨棄了圓球的設計，而以兩個 LED（發光二極體）來取代。當使用時，這種非機器式的滑鼠從下面發出一束光線，內部的光線感測器會根據反射的光，來精密計算滑鼠的方位距離，靈敏度相當高。

當滑鼠移動時，會帶動圓球滾動，由於圓球頂住兩個滾軸，並且控制水平與垂直移動的軌軸。

當水平與垂直這兩個滾軸轉動時，電路便會開始計算游標所移動的距離。

◎ 高 DPI 值基本上已成為電競滑鼠的必要條件

　　無線滑鼠則是使用紅外線、無線電或藍牙（Bluetooth）取代滑鼠的接頭與滑鼠本身之間的接線，不過由於必須加裝一顆小電池，所以重量略重。越來越多的無線電競滑鼠款式的發布，滑鼠的無線標準也逐漸滿足了電競的需求，使用無線滑鼠最直接的好處當然就是沒有線的干擾，讓整個桌面空間乾淨舒服，有些還能加入了無線充電與自訂按鍵功能。

　　有些人喜歡使用大尺寸的螢幕來玩遊戲，無線滑鼠（或鍵盤）就能夠將距離拉遠，享受大螢幕帶來的臨場快感，不過目前電競比賽場上大多數選手還是使用有線滑鼠參賽居多。

　　由於手跟滑鼠是直接接觸，通常 DPI、回報頻率與手感是一些玩家選擇電競滑鼠的參考標準之一，不管是任何類型的遊戲，對玩家來說，每分每秒都是致勝關鍵。例如 FPS 遊戲要求有非常快速精準的鼠標，回報頻率越大定位就越精準，最好要有 3000DPI 以上，DPI 數值越高，鼠標移動速度就會越快越快，高 DPI 數值可以讓玩家更加迅速地完成許多遊戲人物的細部操作，不過還是建議各位最好還是能找到適合自己的 DPI。

　　此外，電競選手在設定靈敏度時還會考慮到滑鼠墊的大小等多種因素，例如滑鼠重量也是影響玩家手感的關鍵因素之一，特別是影響操作時的流暢度，找一款與自己手掌配重分布合理的滑鼠，不但可以對滑鼠的掌控更為精準，更能符合個人的特殊手感需求。

1. 單機遊戲要能順暢執行，主要是看哪項元件？

2. 顯示卡性能的優劣有那些取決的要素。

3. 如果依滑鼠依工作原理可以分為那幾種？

4. 請簡介固態式硬碟（Solid State Disk,SSD）。

5. 請簡述硬碟的性能與容量對遊戲的影響。

6. 請介紹 RAM 對遊戲的影響層面

7. 如何選購機殼？請簡單說明。

8. 請簡介無線滑鼠的優點與應用。

8 保證課堂上學不到的電競集客行銷

　　遊戲產業變化非常快速、產品類型也多，從最早的單機遊戲、線上遊戲、到近年來崛起的網頁遊戲、社交遊戲，很快現在手機遊戲又造成一股狂熱，更令全球遊戲市場產生重大變化。在這個凡事都需要行銷（marketing）的時代裏，從過去到現在的遊戲行銷，最能看出從傳統行銷到網路行銷之間的不斷改變與創新。

◎ 線上遊戲與手機遊戲已成為主流的遊戲平臺

　　電子競技產業持續發展，尤其過程中透過網路帶動個人直播與自媒體興起，讓新媒體及社群關注來提升遊戲與戰隊價值，特別是 2019 年電競賽事全球觀眾數已達 2.4 億人，甚至於其中有四成以上觀眾本身根本不玩遊戲，只是單純將電競賽事視為熱門運動節目來觀賞。對於遊戲或電競相關產品而言，網路所帶來行銷方式的轉變更能即時符合人們的習慣與喜好，努力做到讓遊戲與電競行銷更貼近玩家的行為，因此如何制定一個好的行銷策略對遊戲商業模式的成功更是至關重要。

　　在目前網路行銷的時代，各種新的遊戲行銷工具及手法不斷出現，創新的行銷工具及手法不斷推陳出新，也讓遊戲行銷人員必須與時俱進的學習各種工具來符合遊戲行銷效益，當然對於電競戰隊而言，更能經由網路新媒體及社群關注來提升戰隊價值，進而吸引廣告商贊助來擴展與充實戰隊規模，本章中將為各位介紹目前當紅的電競行銷工具。

8-1 ▶ 電競行銷與新媒體

一款受歡迎的遊戲，絕對需要靠好的行銷活動來支持，市場的變動對遊戲行銷工作影響很大，早期遊戲公司較少，每年推出遊戲的數量也不多，向來抱著願者上鉤的被動心態，重心都放在開發與設計的開銷上，總認為玩家真正在意的還是遊戲本身的內容，把行銷當成是旁枝末節，就算有廣告，也都出現在傳統報紙或雜誌上一角的位置。

行銷遊戲本身就是一項服務，要把對玩家的服務作好，最大的考量還是在於媒體效應，並通過正確的管道傳達給潛在的目標玩家。現在許多玩家根本不看報章雜誌，傳統廣告對現在的玩家幾乎沒有效果。遊戲橘子的「天堂」遊戲以後起之勢趕上當時華義國際「石器時代」霸主地位，就是「行銷」這件事做得比誰都還出色！遊戲橘子成功以找明星代言、開闢電玩節目、上電視廣告的作法，樹立起擅長行銷與活潑的公司形象，開始引起遊戲產業對於行銷方面的廣泛重視與討論。

◎ 遊戲公司經常利用電子報與玩家互動

隨著近年來競技遊戲的大受玩家青睞，例如英雄聯盟（LoL）成為國際賽事中最受矚目的項目之一，在所有同類型遊戲中，RIOT 可以說是最重視玩家意見的一家公司，原廠 Riot Games 更是砸錢行銷大推電競賽事，不但推波助瀾產生線上觀看競賽的大量需求，也捧出了許多職業戰

隊跟選手，因此對玩家產生了強大的黏著力和忠誠度，當然間接也帶動
了英雄聯盟（LoL）不可動搖的霸主地位，更成為台灣家喻戶曉的線上遊
戲品牌，甚至成為一種年輕次文化的象徵，其風行程度遠超過以往任何
一款當紅的線上遊戲。

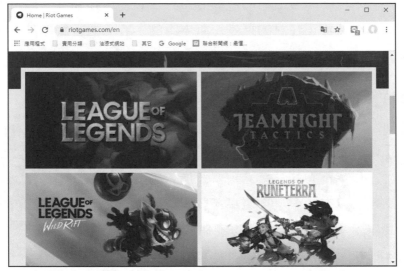

◉ Riot Games 公司近年來在網路行銷上砸了天價的費用

8-1-1　新媒體的旋風

　　新媒體（New Media）是目前相當流行的網路新興傳播形式，相對傳
統四大媒體 - 電視、電台廣播、報紙和雜誌，在形式、內容、速度及類型
所產生的根本質變。所謂「新媒體」（Multi Media），可以視為是一種是
結合了電腦與網路新科技，讓使用者能有完善分享、娛樂、互動與取得
資訊的平臺，具有資訊分享的互動性與即時性。因為閱聽者不只可以瀏
覽資訊，還能在網路上集結社群，發表並交流彼此想法，包括目前炙手
可熱的臉書、推特、app store、行動影音、網路電視（iptv）等都可以算
是新媒體的一種。

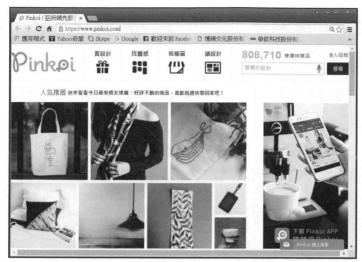

◎ 新媒體讓許多默默無名的商品與素人一夕爆紅

　　新媒體本身型態與平台一直快速轉變，在網路如此發達的數位時代，很難想像沒有手機，沒有上網的生活如何打發。過去的媒體通路各自獨立，未來的新媒體通路必定互相交錯。傳統媒體必須嘗試滿足現代消費者隨時隨地都能閱聽的習慣，尤其是行動用戶增長強勁，各種新的應用和服務不斷出現，經營方向必須將手機、平板、電腦等各種裝置都視為是新興通路，節目內容也要跨越各種裝置與平台的界線，真正讓媒體的影響力延伸到每一個角落。

　　有別於傳統媒體，電競走的是新媒體模式，因為電競具備所有可以讓視聽大眾投入的元素―不確定、技術性、渲染性。電競市場的成長速度令人意想不到，從以往侷限於螢幕框裡的電競活動，隨著新媒體需求的大幅增加，網路直播市場發展更受注目，原先遊戲實況轉播為小眾市場，只在體育台有遊戲電視節目轉播，過去電競賽事觀眾多半是玩家，但現在就算不是玩家也有機會成為電競賽事的觀眾，走向更寬廣的新媒體平台。

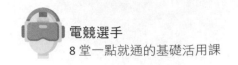
8-2 打造集客瘋潮的遊戲 4P 行銷

行銷策略最簡單的定義就是在有限的企業資源條件下，充分分配資源於各種行銷活動，雖然賣得產品都是遊戲，就行銷面而言，需要的基本能力與原則都是大同小異，但仍要隨時與時俱進的掌握市場的變化。遊戲行銷方式必須著重理論與實務兼備，找到快速將遊戲產品融入市場的方法，進而激發玩家更多購買的動力。

遊戲行銷的方法也有流行期，如果只是靠著「遊戲海戰術」搶市，但往往難以兼顧品質，也會使玩家受大量重複遊戲轟炸，造成產品周期越來越短，特別在網路行銷的時代，各種新的行銷工具及手法不斷推陳出新，畢竟戲法人人會變，各有巧妙不同。通常這 4P 行銷組合要互相搭配，才能讓遊戲行銷活動達到最佳效果。

8-2-1 產品（Product）

隨著市場及遊戲行為的改變，產品策略主要在研究新產品開發與改良，包括了產品組合、功能、包裝、風格、品質、附加服務等。遊戲市場競爭一直都很激烈，但是市場也慢慢趨向飽和，加上同類型的產品過多，所以要如何突顯自家的產品相對上困難許多，把遊戲當作一個產品，在基本行銷理論上都是相同，首先必須要訂出明確的定位與目標。

當行銷人員開始要行銷一款新遊戲時，第一步就是要瞭解這款遊戲的特性，對遊戲的熟悉度一定得要自己花時間去玩。所謂花時間玩遊戲，對遊戲的操作等級要達到一定的程度以上，接著配合對市場的了解，然後進行「競品分析」過程，找出同質性高的競爭對手，接著對產品做精準的分眾行銷，不同遊戲類型有不同市場策略，如果市場定位不清，很

容易造成自家遊戲打自家遊戲的窘境。一旦確定了目標客群是什麼樣的年齡，什麼樣特徵的玩家族群，接下來就要思考運用什麼行銷工具去觸及到這些人，這樣才能更快打進這款遊戲的目標族群，提升玩家的忠誠與黏著力。

8-2-2　通路（Place）

遊戲通路是介於遊戲商與玩家間的行銷中介單位所構成，不論實體或虛擬店面，只要是撮合遊戲與玩家交易的地方，都算是屬於通路範疇。目前遊戲開發商採實體與虛擬通路並進的方式，除了傳統套裝遊戲的通路外，包含便利商店、一般商店、電信據點、大型賣場、3C 賣場、各類書局、網咖等通路，同時也建立網路與行動平台的通路。

傳統上便利商店是玩家主要購買遊戲或相關產品的最大通路，所以大多數遊戲產品一定會優先選擇在便利商店鋪貨。例如早期遊戲橘子成功以單機板模擬經營遊戲《便利商店》熱賣，就是運用 7-11 通路讓產品大量曝光的成功案例。

在遊戲開發商與通路商的拉鋸戰中，通路商始終處於強勢的一方，不過在各國遊戲業者紛紛朝向全球化經營的趨勢下，通路商的優勢不再，而是更強調網路行銷與在地推廣雙效合。例如行動裝置成就智慧型手機發展新趨勢，更帶動手機遊戲的快速竄起，透過國際應用軟體商店（App store、Google play）的開放平台，手遊已成功打破區域藩籬的限制。

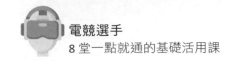
8-2-3　價格（Price）

　　在過去的年代，遊戲產品的種類較少，一款遊戲只要本身夠好玩，東西自然就會大賣，然而在現代競爭激烈的全球市場中，往往提供類似產品的公司絕對不只一家，顧客可選擇對象增多了，影響遊戲廠商存活的一個重要因素就是價格策略，消費者為達到某些效益而付出的成本和公司的定價有相當大關係。價格策略往往是唯一不花錢的關鍵行銷因素。

　　在全球經濟蕭條狀況下，一股靠著網路的宅經濟（Stay at Home Economic）旋風趁勢而起，全球遊戲產業的產值年年突破預期，並且帶動通訊產業需求成長，不過不少想要切入市場的新遊戲，都將「收費」視為生死存亡的關鍵。

　　通常遊戲廠商會採取參考競爭者定價策略，例如做線上遊戲行銷還有另一項與一般商品不同的經驗，那就是開台封測的瞬間就知道這款遊戲紅不紅，你可以立即感受到消費者的反應，因此目前許多線上遊戲初期都會玩遊戲免費的行銷策略，在取得遊戲方便的有利因素下，希望能在最短時間內吸收會員人數，不過這樣的作法經常在正式收費後往往就會失去大量的玩家。

　　因此不論是網頁遊戲還是手機遊戲，現在主流遊戲走的都是"Free to play"的免費路線，「免費行銷」就是透過免費提供產品或者服務，來達成破壞性創新後的市場目標，目的是希望極小化玩家轉移到自家遊戲的移轉成本，來增加未來消費的可能性。

手機遊戲是目前年輕人最喜愛的遊戲平台

　　例如憤怒鳥遊戲就是一款免費下載的遊戲，先讓玩家沉浸在免費內容中，再讓想玩下去的玩家掏腰包購買完整版或是升級為 VIP，不過沒有穩定收入的免費行銷是撐不久的，因此廠商還必須透過各種五花八門的加值服務來獲利，不過如果要讓願付價格高的玩家付錢，就必須要有夠多的免費玩家參與，讓玩家有花錢的動機。

　　至於有些免費行銷遊戲則是完全免費體驗，靠著利用走馬燈視窗展示虛擬物品或是觀戰權限、VIP 身分、介面外觀、造型、咒符、道具等商城機制來獲利，許多遊戲內購後即可獲得角色能力的加強，不同等級的玩家對於虛擬寶物也有不同的需求，但如果中間的平衡掌握不好，就可能造成遊戲崩盤。

　　例如英雄聯盟（LoL）中每個英雄都擁有數個特殊設計風格的模組。只要玩家願意花錢購買，這些加購模組完全不會影響遊戲平衡，卻能帶給玩家在遊戲時與眾不同的心情與體驗，在遊戲中呈現出更好看的模樣。「英雄聯盟」（LoL）以免費模式順利經營，並且吸引了大量的玩家支持遊戲運作，畢竟只要能贏得夠多玩家的青睞，對這款遊戲而言始終是佔有競爭優勢。

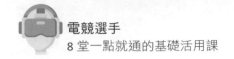
8-2-4　促銷（Promotion）

促銷（Promotion）是將產品訊息傳播
給目標市場的活動，也是銷售行為中最有
可能直接讓玩家上門的方式，遊戲開發商
以較低的成本，開拓更廣闊的市場，最好
搭配不同行銷工具進行完整的策略運用，
並讓促銷推廣的效益擴展購買力。

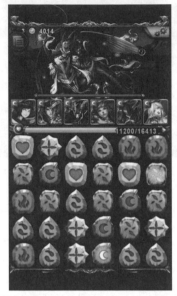

◎ 神魔之塔的促銷策略相當成功

曾經竄紅的手機轉珠遊戲「神魔之塔」廣受台灣低頭族歡迎，行銷
手法也是令遊戲火紅的關鍵因素，官方經常辦促銷活動送魔法石，並活
用社群工具以及跟遊戲網站合作，讓沒有花錢的人也可以享受石抽，達
到線上與線下虛實合一的效果。

如此可吸引大量玩家的加入，想要獲得魔法石，全新角色等免費寶
物，並經由與超商通路、飲料的合作，使玩家購買飲品的同時，只要前
往兌換網頁，輸入序號便可兌換獎賞，利用了非常好的促銷策略吸引住
不消費與小額消費的玩家持續遊戲，創造雙贏的局面。

8-3 ▶ 電競與廣告行銷

　　販售商品最重要的是能大量吸引顧客的目光，廣告便是其中的一個選擇。傳統上廣告是行銷人員最能夠掌控其訊息和內容的行銷手法，傳統廣告主要是利用傳單、廣播、大型看板及電視的方式傳播，來達到刺激消費者的購買慾望。販售遊戲最重要的是能大量吸引玩家的目光，然後產生實際的購買或下載等行為，如果一款遊戲的玩家族群很廣，那就很適合電視這種大眾媒體電視 CF（ Commercial film）。

　　例如魔獸爭霸早期就以史詩般的電視廣告風格成功擄獲了許多玩家的心，當然上一些電視上專業電玩節目的廣告，也是個極佳的管道。此外，傳統電視節目對於電競產業未來的影響，是個值得思考的問題，近年來就連最大的電競賽事品牌，最近也開始嘗試在電視上轉播。除了電視頻道，網路一直是線上遊戲與手機遊戲的主力戰場，特別是網路上的互動性是網路行銷最吸引人的因素，不但可提高玩家的參與度，也大幅增加了網路廣告的效果。

◎ 魔獸世界是相當火紅的線上遊戲

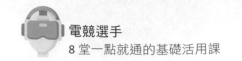

　　網路廣告也是一種不錯的遊戲行銷方式，透過網際網路傳播消費訊息給消費者的傳播模式，擁有互動的特性，能配合消費者的需求，進而讓顧客重複參訪及購買的行銷活動，優點是讓使用者選擇自己想要看的內容、沒有時間及地區上的限制、比起其他廣告方法更能迅速知道廣告效果。

　　電競市場早期主要作為遊戲公司的廣告宣傳用具，再搭配強大的品牌形象與行銷手法，利用線上跨國遊戲平台的優勢，舉辦國際電競聯賽。不過近年來則突然轉變為重要收入來源，以 2018 年英雄聯盟的大賽觀看人次來説，將近 1 億不重複觀眾觀看、最高峰則有 4,800 萬人同時在線，其吸引的觀眾數量可媲美任何大型運動聯賽。Riot Games 公司從中抽取轉播權利金以及與廣告拆帳獲得可觀收入，因此舉辦電競賽事成為之後許多遊戲公司的重要獲利模式。

8-4 ▶▶ 遊戲社群行銷

　　時至今日我們的生活已經離不開網路，網路正是改變一切的重要推手，而與網路最形影不離的就是「社群」。我們所在的這個時代，是由臉書、IG、推特、微博等網站共織成的「社群時代」，從資料蒐集到消費，人們透過這些社群作為全新的溝通方式。

TIPS 社群或稱為虛擬社群（virtual community）是網路獨有的生態，可聚集共同話題、興趣及嗜好的社群網友及特定族群討論共同話題，達到交換意見的效果，由於這些網路服務具有互動性，能夠讓大家在共同平台上，彼此快速溝通與交流。

社群行銷（Social Media Marketing）就是透過各種社群媒體網站溝通與理解消費者的行銷方式，社群行為中最受到歡迎的功能，包括照片分享、位置服務即時線上傳訊、影片上傳下載等功能變得更方便使用，然後再藉由朋友間的串連、分享、社團、粉絲頁的高速傳遞，使品牌與行銷資訊有機會觸及更多的顧客。大陸紅極一時的小米機用經營社群與粉絲，發揮口碑行銷的最大效能，使得小米品牌的影響力能夠迅速在市場上蔓延。

◎ 小米機成功運用社群贏取大量粉絲

社群行銷當然也是推廣遊戲或電競活動的主要方式之一，電競的社群經營也是另一重點，由電競所凝聚的社群，成為了英雄聯盟最重要的推手，當然也是英雄聯盟現象級發展的重要因素。社群行銷本身就是一種內容行銷（Content Marketing），過程是創造互動分享的口碑價值的活動，光會促銷的時代已經過去了，迫使玩家觀看廣告的策略已經不再奏效，必須做到「真誠」的和玩家互動。如果想透過社群的方法做行銷，最主要的目標當然是增加遊戲的知名度，其中口耳相傳的影響力不容忽視。

> **TIPS** 內容行銷（Content Marketing）是一門與顧客溝通但不做任何銷售的藝術，形式可以包括文章、圖片、影片、網站、型錄、電子郵件等，必須避免直接明示產品或服務，透過消費者感興趣的內容來潛移默化傳遞品牌價值，以達到產品行銷的目的。

8-4-1　巴哈姆特與遊戲基地

遊戲社群行銷成功的方程式並不複雜，就是用心＋傾聽，以玩家想法為本位思考，提供最好的服務。例如透過世界知名的遊戲與地區社群合作，從而打入不同的地區市場，目前運用比較多的行銷管道是靠選擇適合的遊戲社群網站或大型入口網站，這些遊戲社群網站的討論區，一字一句都左右著遊戲在玩家心中的地位，透過社群網路提升遊戲的曝光與口碑已經是最常見策略，自然而然始的使社群媒體更容易像病毒般擴散，這將提供市場行銷人員更好的投資回饋。

◉ 遊戲基地 gamebase

◉ 巴哈姆特電玩資訊站

8-4-2 Planet9 電競平台

宏碁也推出以社群為核心功能的 Planet9 電競平台，充分展現宏碁軟硬體與整合服務的強勢企圖心，期望與電競玩家產生更緊密的聯結，就是以社群功能為主要核心所設計與匯聚各種規模的電競聯賽，期望提供全球廣大玩家一個切磋交流與挑戰競技賽事的公開社群平台，讓玩家們可以在平台上自行組隊、教練集訓、社群聊天、預約課程、賽事資訊、電競講座課程。遊戲攻略分享等功能，也能透過數據或分析功能了解自身與隊伍的實力，更可嵌入其他影音頻道（Twitch 或 YouTube）吸引粉絲們一起組隊加入戰場。讓玩家間的互動交流更為直接頻繁，並且能同時滿足專業與休閒玩家對於提升戰力的渴望。

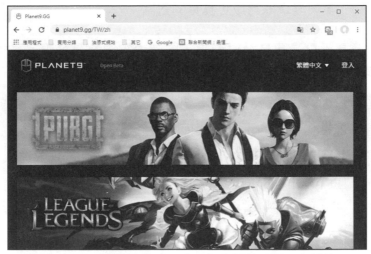

◉ Planet9 將帶給全球玩家不同的電競社群平台體驗

參考網址：https://www.planet9.gg/TW/zh

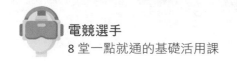

8-5 ▶ 電競直播行銷

目前全球玩直播正夯，在這個講究視覺體驗的年代，每個行銷人都知道影音行銷的重要性，比起文字與圖片，透過影片的傳播，更能完整傳遞電競資訊，影片不但是關鍵的分享與行銷媒介，更開啟了大眾素人影音行銷的新視野。

早期電競節目源於傳統媒體的局限，收視規模一直無法做大，隨著直播技術興起，電競市場又順勢被提升到另一層次，許多企業開始將直播作為行銷手法，消費觀眾透過行動裝置，利用直播的互動與真實性吸引網友目光，從販售電競商品透過直播跟粉絲互動，延伸到電競賽是透過直播行銷，讓現場玩家可以更真實的對話。

電競賽事不只是專業運動賽事，同時也被視為是種很受歡迎的娛樂節目，一家電競公司如果要利用網路來行銷的話，最容易爆紅的方式就是利用直播平台來行銷，讓許多原本關在小空間或是展場中發生的實況花絮，臨場呈現在全世界的玩家前，而且沒有技術門檻，只要有手機和網路就能輕鬆上手，目前越來越多賽事是透過直播進行，只要進入 Twitch 、YouTube、鬥魚 Tv 、Niconico 或其他直播平台就可以開始享受了，主要訴求就是即時性、共時性，這也最能強化觀眾的共鳴，每個人幾乎都可以成為一個獨立的收視頻道，讓參與的玩家擁有親臨現場的感覺。

◎ 中國電競觀眾最常使用的遊戲直播平台 - 鬥魚

參考網址：https://www.douyu.com/

8-5-1 Twitc 遊戲影音平台

　　直播技術讓任何角落的觀眾都可以透過直播，看到全世界各地完整的精采賽事，特別是看到自己的遊戲在 Twitch 上直播時，都會感嘆到這種免費曝光與行銷的效益。 Twitch 是全球第一遊戲實況直播影音平台，簡單來說，Twitch 是為了社群而打造，最大特色就是直播自己打怪給別人欣賞，而且有不少玩家是喜歡看人打電動多過於自己打，特別是某些需要特別技巧的遊戲就容易產生觀戰效應。對於電競平台或廠商來說：「直播不是想要帶來實際商業數字效益，重點是跟玩家們直接互動！」

◎ Twitch 堪稱是遊戲素人實況的最佳擂台

參考網址：https://www.twitch.tv/

　　Twitch 的直播節目抓住了這個需求點，因此在全球遊戲類的流量在各種直播中拔得頭籌，真正讓電玩的實況轉播與消費邁向大眾化，Twitch 也非常重視玩家的參與感，包括提供平台供遊戲玩家進行個人直播及供電競賽事的直播，而且不論什麼類型的比賽都有，每個月全球有超過 1 億名社群成員使用該平台，與超過 200 萬名直播主一同觀看並討論遊戲，Twitch 也會，讓實況主與公司分享廣告營收，有許多剛推出的新款遊戲，遊戲開發廠都會指定在 Twitch 上開直播，觀眾可免費收看，滑鼠點一下就能存取，可隨時隨地跨螢幕、裝置來收看各種精采的影音內容，也提供聊天室讓觀眾們可以同步進行互動。

8-5-2 網紅行銷

　　網紅行銷（Internet Celebrity Marketing）並非是一種全新的行銷模式，就像過去品牌找名人代言，主要是透過與藝人結合，提升本身品牌價值，例如過去的遊戲產業很喜歡用的代言人策略，每一款新遊戲總是要找個明星來代言，花大錢找當紅的明星代言，最大的好處是會保證有一定程度以上的曝光率，不過這樣的成本花費，也必須考量到預算與投資報酬率，相對於企業砸重金請明星代言，網紅的推薦甚至可以讓遊戲廠商業績翻倍，似乎在目前的網路平台更具說服力，隨時可以看到有網紅在進行直播，主題也五花八門，可說是應有盡有，例如打電動就能坐擁百萬粉絲的素人網紅，逐漸地取代過去以明星代言的行銷模式，點閱率與回應也不輸給代言藝人。

◎ 張大奕是大陸知名的網紅代表人物，代言身價直追范冰冰

　　隨著電競實況轉播興盛，電競正式納入運動項目後，百萬粉絲觀看賽事人流轉化為現金流，造成遊戲實況的市場價值持續看漲，許多遊戲或電競賽事選擇借助網紅來達到口碑行銷的效果，網紅通常在網路上擁有大量粉絲群，就像平常生活中的你我一樣，很容易讓粉絲就產生共鳴，使得網紅成為人們生活中的流行指標。這股由粉絲效應所衍生的現象，能夠迅速將個人魅力做為行銷訴求，利用自身優勢快速提升行銷有效性，充分展現了網路文化的蓬勃發展。

◎ 優酷是中國最大的影音網站

參考網址：https://www.youku.com/

　　社群持續分眾化，現在的人是依照興趣或喜好而聚集，所關心或想看內容也會不同，網紅就代表著這些分眾社群的意見領袖，反而容易讓品牌迅速曝光，並找到精準的目標族群。不過這裡有個有趣的現象，不少電競網紅都有明星的影響力，有別於其他品牌網紅多將重心放在臉書、IG、微博等以文字圖像為主的社群媒體，遊戲類網紅更著重發展YouTube、Twitch、優酷等影音頻道。

　　此外，流量的爆表是網紅的必備因素，不過還有一個很重要的基礎，就是內容，千萬不要只看紛絲數量的多寡，強烈風格與獨創的旁白圈粉外，誇張的演出和對遊戲獨特的見解，才能真正吸引到眾多玩家粉絲觀看。可見在這個講究視覺體驗的年代，相較於圖像敘事，動態視覺傳達更可以在第一秒抓住玩家眼球，因此影音社群頻道對遊戲類網紅更為重要。

🔘 KOL Radar 聯合 Yahoo 奇摩共同發表百大遊戲電競網紅排行榜

參考網址：https://www.kolradar.com/billboard

8-6 ▶ 整合行銷

　　行銷就是對市場進行分析與判斷，繼而擬定策略並執行，創意往往是行銷活動的最佳動力，尤其是在面對一個三百六十度的整合行銷時代，未來遊戲產業趨勢將以團體戰取代過去單打獨鬥的模式遊，異業結盟合作特帶來了前所未有的成果，也就是整合多家對象相同但彼此不互相競爭公司的資源，產生廣告加乘的效果。例如神魔之塔的開發商瘋頭公司創立以來，一直在跨界結盟，不論是辦展覽、比賽、演唱會，跟其它產品公司、動畫公司合作，或是授權販賣實體卡片等，充份發揮了異業結盟的多元性效果。

　　遊戲開發商也發現開發新玩家的成本往往比留住舊粉絲所花的成本要高出 5~6 倍，因此把重心放在開發新玩家，不如將重心放在維持原有的粉絲上。神魔之塔遊戲就是運用社群網路與品牌連結的行銷手法，藉由

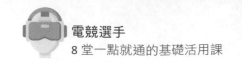

創立遊戲社團與玩家互動，粉絲團不定期發佈分享活動，分享 Facebook 上相關訊息就能獲得獎勵，塗鴉牆上也天天可見哪位朋友又完成了神魔之塔的任務，藉此提升玩家們對於遊戲的忠誠度與黏著度。

◉ 宏碁經常透過整合行銷來積極參與電競賽事

參考網址：https://www.acer.com/ac/zh/TW/content/predator-home

許多追求專業的電競硬體商，看準電競玩家對設備高要求，也大膽投資電競賽事，無論是贊助還是主辦，透過大型賽事更了解玩家需求，也透過賽事直播達到行銷宣傳。例如宏碁公司積極耕耘電競市場，除了推出許多高端專業的電競產品延續消費者的遊戲體驗外，更成為英雄聯盟 LoL 大賽的贊助廠商，從電競賽延伸帶出行銷效益，不但能提升賽事人氣，同時還可以增加品牌曝光度，持續創造深度與廣大玩家結合的產品消費力。

8-7 ▶ 大數據電競行銷

　　遊戲產業的發展越來越受到矚目，在這個快速競爭的產業，不論是線上遊戲或手遊，遊戲上架後數周內，如果你的遊戲沒有擠上排行榜前 10 名，那大概就沒救了。遊戲開發者不可能再像傳統一樣憑感覺與個人喜好去設計遊戲，他們需要更多、更精準的數字來告訴他們玩家要什麼。

　　數字就不僅是數字，背後靠的正是收集以玩家喜好為核心的大數據，大數據的好處是讓開發者可以知道玩家的使用習慣，因為玩家進行的每一筆搜尋、動作、交易，或者敲打鍵盤、點擊滑鼠的每一個步驟都是大數據中的一部份，時時刻刻蒐集每個玩家所產生的細部數據所堆疊而成，再從已建構的大數據庫中把這些資訊整理起來分析排行。

　　目前相當火的「英雄聯盟」（LoL）這款遊戲，遊戲開發商 Riot Games 非款就常重視大數據分析，目標是希望成為世界上最了解玩家的遊戲公司，背後靠的正是收集以玩家喜好為核心的大數據，掌握了全世界各地區所設置的伺服器裏遠超過每天產生超過 5000 億筆以上的各式玩家資料，透過連線對於全球所有比賽都玩家進行的每一筆搜尋、動作、交易，或者敲打鍵盤、點擊滑鼠的每一個步驟進，可以即時監測所有玩家的動作與產出大數據資料分析，並了解玩家最喜歡的英雄，再從已建構的大數據資料庫中把這些資訊整理起來分析排行。

◎ 英雄聯盟的遊戲畫面場景

TIPS 　大數據（又稱大資料、大數據、海量資料, big data），由 IBM 於
2010 年提出，是指在一定時效（Velocity）內進行大量（Volume）且多元
性（Variety）資料的取得、分析、處理、保存等動作，主要特性包含三種層
面：大量性（Volume）、速度性（Velocity）及多樣性（Variety）。在維基百
科的定義，大數據是指無法使用一般常用軟體在可容忍時間內進行擷取、管
理及處理的大量資料，我們可以這麼簡單解釋：大數據其實是巨大資料庫加
上處理方法的一個總稱，就是一套有助於企業組織大量蒐集、分析各種數據
資料的解決方案。

　　遊戲市場的特點就是飢渴的玩家和激烈的割喉競爭，數據的解讀特
別是電競戰中非常重要的一環，電競產業內的設計人員正努力擴增大數
據的使用範圍，數字就不僅是數字，這些「英雄」設定分別都有一些不
同的數據屬性，玩家偏好各有不同，你必須了解玩家心中的優先順序，
只要發現某一個英雄出現太強或太弱的情況，就能即時調整相關數據的
遊戲平衡性，能夠讓不同的角色都有彼此的發揮空間，不會產生少數玩
家在遊戲中某個時期特別強大，用數據來擊殺玩家的心，進一步提高玩
家參與的程度。

◎ 英雄聯盟的遊戲戰鬥畫面

　　不同的英雄會搭配各種數據平衡，研發人員希望讓每場遊戲盡可能地接近公平，因此根據玩家所認定英雄的重要程度來排序，創造雙方勢均力敵的競賽環境，然後再集中精力去設計最受歡迎的英雄角色，找到那些沒有滿足玩家需求的英雄種類，是創造新英雄的第一步，這樣做法真正提供了遊戲基本公平又精彩的比賽條件。Riot Games 懂得利用大數據來隨時調整遊戲情境與平衡度，確實創造出能滿足大部分玩家需要的英雄們，這也是英雄聯盟能成為目前最受歡迎遊戲的重要因素。

1. 試問遊戲開發商的通路策略？

2. 請簡介遊戲免費行銷的目的與方法。

3. 請簡述「神魔之塔」的促銷方式。

4. 請簡介線上遊戲與大數據的應用。

5. 如何利用社群行銷來推廣遊戲？